本書の特長と使い方

　本書は、ノートの穴うめで最重要ポイントを整理し、さらに確認問題に取り組むことで、中学数学の基礎を徹底的に固めて定期テストの得点アップを目指すための教材です。

　1単元2ページの構成です。

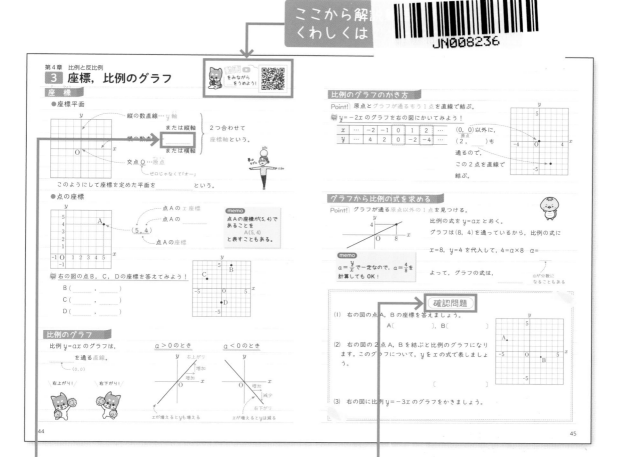

① まとめノート

授業を思い出しながら、____に用語
や式、数を書きこんでいきましょう。
思い出せないときは、
解説動画を再生してみましょう。

② 確認問題

ノートに整理したポイントが
身についたかどうかを
確認問題で確かめましょう。

登場する
キャラクター

数犬チャ太郎　　　かっぱ

1

ICTコンテンツを活用しよう！

本書には，QRコードを読み取るだけで見られる解説動画がついています。「授業が思い出せなくて何を書きこめばよいかわからない…」そんなときは，解説動画を見てみましょう。

▶ 解説動画を見よう

❶ 各ページのQRコードを読み取る

スマホでもタブレットでもOK！
PCからは下のURLからアクセスできるよ。
https://cds.chart.co.jp/books/jkx74bpjol

❷ 動画を見る！

速度調節や全画面表示もできます

便利な使い方

ICTコンテンツが利用できるページをスマホなどのホーム画面に追加することで，毎回QRコードを読みこまなくても起動できるようになります。くわしくはQRコードを読み取り，左上のメニューバー「≡」▶「ヘルプ」▶「便利な使い方」をご覧ください。

目　次

1 正の数と負の数①

動画 ▶ をみながら 　をうめよう！

符号のついた数

● 正の符号，負の符号

ある基準より「大きい」「小さい」などを表すとき，

符号 　　　　，　　　　 を使う。

プラス　マイナス
（正の符号）（負の符号）

基準とする温度

例 0℃ より 30℃高い温度 　→　 　　　　℃

例 0℃ より 15℃低い温度 　→　 　　　　℃

「マイナス15℃」と
読む

● 正の数，負の数

0 より大きい数を　　　　　　　　　　$+1$, $+1.5$, $+\dfrac{2}{3}$ など

0 より小さい数を　　　　　　　　　　-4, -2.3, $-\dfrac{1}{3}$ など

という。

　　　　 は正の数でも負の数でもない

数である。

私は正の数でも
負の数でもないの♪

整数には，正の整数，0，　　　　　　　　　　がある。

正の整数のことを　　　　　　　 ともいう。

注 自然数ではない！

整数

$\cdots$, -3, -2, -1　　0　　$+1$, $+2$, $+3$, $\cdots$

負の整数　　　　　　　　　正の整数（自然数）

memo
0は整数であるが，自然数ではない。

● 符号のついた数で表す

Point! ある基準について反対の性質をもつ数量は，一方を
正の数で表すと，もう一方は負の数で表すことができる。

🐱 ちがいを表してみよう！

100m を基準として，それより高いことを
正の数，低いことを負の数で表すとすると…

110m　➡　_____ m

95m　➡　_____ m

🐱 位置を表してみよう！

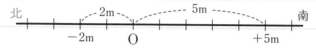

地点 O から南へ 5m の地点を +5m，
北へ 2m の地点を -2m と表すとすると…

南へ 7m　➡　_____ m

北へ 3m　➡　_____ m

🐱 移動を表してみよう！

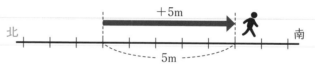

南北にのびる道路がある。南へ 5m 進む
ことを +5m と表すとすると…

北へ 6m 進む　➡　_____ m

-4m　➡　北へ　_____ m 進む

┌─────────────────────────────────┐

確認問題

(1) 次の数を，＋，－の符号をつけて表しましょう。

　① 0 より 9 小さい数　　　　　② 0 より 1.2 大きい数

　　　　　〔　　　　　　　〕　　　　　　　　　　〔　　　　　　　〕

(2) 次の数について，①〜③の数をそれぞれすべて選びましょう。

　┌─────────────────────────────┐
　│ -1.5　　3　　-$\frac{3}{4}$　　-1　　0　　+4.1 │
　└─────────────────────────────┘

　① 負の数　　　　　② 整数　　　　　③ 自然数

　〔　　　　　〕〔　　　　　　　〕〔　　　　　　　〕

(3) 「3 個多い」ということがらを，「少ない」ということばを使って表しましょう。

　　　　　　　　　　　　　　　　　　　〔　　　　　　　　　　　〕

└─────────────────────────────────┘

2 正の数と負の数②

動画をみながら＿＿をうめよう！

数の大小

●数直線

Point! 数直線の 0 より右側には正の数，

0 より左側には負の数を対応させる。

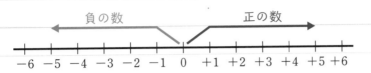

数直線では，0 を表す点を ＿＿＿＿＿ ，

数直線の右の方向を ＿＿＿＿＿ ，　左の方向を ＿＿＿＿＿ という。

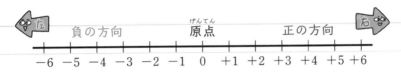

●数の大小と不等号

Point! 数を数直線上の点で表したとき，

右側にある数ほど大きく，左側にある数ほど小さい。

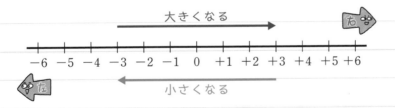

不等号を使って表すと…

例 ＋1 は －4 より大きい。　　➡　　$-4 < +1$

「－4 小なり＋1」と読むことがある。

例 －6 は －2 より ＿＿＿＿＿ 。　➡　＿＿＿＿＿

🐱 3つの数 0，－5，＋3 の大小を不等号を使って表してみよう！

数直線上で，0 は －5 より右側にあるから，＿＿＿ ＜ ＿＿＿

＋3 は 0 より ＿＿ 側にあるから，＿＿＿ ＜ ＿＿＿

よって，＿＿ ＜ ＿＿ ＜ ＿＿ または ＿＿ ＞ ＿＿ ＞ ＿＿

●絶対値

数直線上で，原点から，ある数を表す点までの距離を，

その数の _____ という。

例 絶対値が 4 になる数

➡ _____ , _____

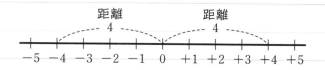

距離 4　　　距離 4

−5 −4 −3 −2 −1　0　+1 +2 +3 +4 +5

例 0 の絶対値

➡ _____

+4?
−4?

＋やーなんて
関係ない！
ぼくは絶対的
な値なのだ!!

memo

正の数や負の数から，その数の符号をとったものが絶対値であると考えることができる。

正の数は負の数より _____ 。

① _____ の数は 0 より大きく，その数の絶対値が大きいほど _____ 。

② _____ の数は 0 より小さく，その数の絶対値が大きいほど _____ 。

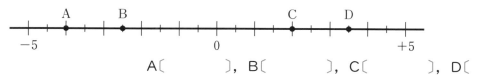

確認問題

(1) 下の数直線上で，A 〜 D に対応する数を答えましょう。

A　　　B　　　　　　　C　　　D

−5　　　　　　　　0　　　　　　　+5

A〔　　　　〕, B〔　　　　〕, C〔　　　　〕, D〔　　　　〕

(2) 次の数の絶対値を答えましょう。

①　−9　　　　　　　　　②　+4.5

〔　　　　〕　　　　　　　　　　〔　　　　〕

(3) 絶対値が次のような数を答えましょう。

①　15　　　　　　　　　②　$\dfrac{1}{13}$

〔　　　　　〕　　　　　　　　　〔　　　　〕

(4) 次の数の大小を，不等号を使って表しましょう。

①　−10, +3　　　　　　②　−2, −6

〔　　　　〕　　　　　　　　　〔　　　　〕

3 加法と減法①

をみながら
　をうめよう！

加法

●符号が同じ数の和

Point! 符号が同じ2つの数の和は，

絶対値の和に共通の符号をつけた数になる。

たし算のことを
加法，加法の
結果（答え）を
和というよ。

共通の符号

例 $(+3) + (+4) = +(3+4) = +7$

絶対値の和を求める

-6 から負の
方向に2進む

例 $(-6) + (-2) = \underline{} (6 + \underline{}) = \underline{}$

●符号が異なる数の和

Point! 符号が異なる2つの数の和は，

絶対値が大きい方から小さい方をひいた差に

絶対値が大きい方の符号をつけた数になる。

絶対値が大きい方の符号

例 $(+8) + (-3) = +(8-3) = +5$

絶対値の差を求める

-7 から正の
方向に5進む

例 $(-7) + (+5) = \underline{} (7 - \underline{}) = \underline{}$

例 $(+2) + (-2) = \underline{}$

memo

絶対値が等しく，符号が
異なる数の和は，0になる。
$(+●) + (-●) = 0$

ある数と0との和は，もとの数に　　　　　　　　。

例 $(+9) + 0 = +9$

例 $0 + (-4) = \underline{}$

●+0=●
0+●=●

ZERO

減法

●正の数，負の数の減法

Point! ある数をひくことは，

ひく数の符号を変えた数をたす

ことと同じ。

ひき算のことを
減法，減法の
結果（答え）を
差というよ。

🐕 正の数をひいてみよう！ ➡ 負の数をたす

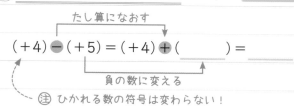

たし算になおす

$(+4) \ominus (+5) = (+4) \oplus ($ 　　　$) =$

負の数に変える

↳ 注 ひかれる数の符号は変わらない！

たす数の符号を変えたら, ひき算がたし算になった！

🐕 負の数をひいてみよう！ ➡ 正の数をたす

たし算になおす

$(+6) \ominus (-2) = (+6) \oplus ($ 　　　$) =$

正の数に変える

これもたし算になおせた♪

ある数から 0 をひく ➡ 差はもとの数に　　　　　。　　●－0＝●

0 からある数をひく ➡ 差はひいた数の　　　　　を変えた数になる。

例 $(-7) - 0 =$ 　　　　$0 - (+5) = 0 + ($ 　　　$) =$

確認問題

(1) 次の計算をしましょう。

① $(+6) + (+2)$ 　　　　② $(-4) + (-7)$

③ $(+8) + (-3)$ 　　　　④ $(-11) + (+5)$

(2) 次の計算をしましょう。

① $(+2) - (+9)$ 　　　　② $(-6) - (-8)$

③ $(-3) - (+7)$ 　　　　④ $(+4) - (-5)$

4 加法と減法②

加法と減法の混じった式

●加法の計算法則

加法では，負の数をふくむ場合も，

次のことが成り立つ。

《加法の交換法則》　■＋●＝●＋■

《加法の結合法則》（■＋●）＋▲＝■＋（●＋▲）

> **memo**
> 加法では，計算の順序を入れかえたり，計算の組み合わせをかえたりすることができる。

例　$(-3)+(+5)+(-1)+(+5)$

$=(-3)+()+(+5)+(+5)$ ← 計算の順序をかえる
　　　　　　　　　　　　　　　　↑交換法則を使う

$=\{(-3)+()\}+\{(+5)+(+5)\}$ ← 計算の組み合わせをかえる
　　　　　　　　　　　　　　　　↑結合法則を使う

$=()+(+10)=$

> 計算が簡単になったね！

●式の項

$2-4+3-6$ を加法だけの式に

なおすと，

$(+2)+(-4)+()+()$

この $+2$，-4，$+3$，-6 を，

$2-4+3-6$ の項という。

> **memo**
> $(+2)+(-4)+(+3)+(-6)$
> ↓　＋とかっこをはぶく
> $2-4+3-6$
> ※式の最初の項の正の符号＋は省略できる。

正の項…$+2$，

負の項…-4，

例　$-8+5-1+3$ の項は，-8，　　　，　　　，

正の項は，　　　，　　　

負の項は，　　　，

例　$(+4)+(-3)+(-6)+(+2)$ を，項を並べた式で表すと，

　　　　-3　　　$+2$

●加法と減法の混じった式の計算

🐶 項を並べた式の計算をしてみよう！

$$3-2+7-5$$
$$=3+7-2-5$$

項の順序をかえる
↑交換法則を使う

正の項，負の項をまとめる
↑結合法則を使う

$$=\quad\quad-$$

$$=$$

答えが正の数の
ときは，正の符
号＋を省略する

$$(+3)+(-2)+(+7)+(-5)$$
$$=(+3)+(+7)+(-2)+(-5)$$
$$=(+10)+(-7)$$
$$=+3$$

上の　　　　の計算の
＋と（　）をはぶいたんだね！

🐶 加法と減法の混じった式の計算をしてみよう！

$$4+(-6)-(-1)-2$$

項だけを並べた式にする

$$=4-6+1-2$$

項の順序をかえる

$$=4+1-6-2$$

正の項，負の項をまとめる

$$=\quad\quad-$$

$$=$$

加法の計算
法則を使っ
て式を整理
しよう。

確認問題

(1) 次の計算をしましょう。

① $2-8$

② $-3-11$

(2) 次の計算をしましょう。

① $(+4)+(-1)+(-6)$

② $-8+5-3+7$

③ $-15-(-12)+(-3)+4$

5 乗法と除法①

動画をみながら___をうめよう！

乗法

●符号が同じ2つの数の乗法

Point! 符号が同じ2つの数の積は，

絶対値の積に正の符号をつけた数になる。

かけ算のことを乗法，乗法の結果（答え）を積というよ。

正の符号

例 $(+③) \times (+②) = +(3 \times 2) = +6$

絶対値の積を求める

memo
$(+) \times (+) \rightarrow (+)$
$(-) \times (-) \rightarrow (+)$

例 $(-4) \times (-5) = \underline{} (4 \times \underline{}) = \underline{}$

●符号が異なる2つの数の乗法

Point! 符号が異なる2つの数の積は，

絶対値の積に負の符号をつけた数になる。

memo
$(+) \times (-) \rightarrow (-)$
$(-) \times (+) \rightarrow (-)$

負の符号

例 $(+⑥) \times (-④) = -(6 \times 4) = -24$

絶対値の積を求める

例 $(-3) \times (+7) = \underline{} (3 \times \underline{}) = \underline{}$

●0，+1，−1との積

ある数と0の積は，つねに0になる。

● × 0 ＝ 0
0 × ● ＝ 0

例 $(+8) \times 0 = \underline{}$　　　　$0 \times (-3) = \underline{}$

ある数と+1の積は，もとの数に_____。

例 $(-5) \times (+1) = \underline{}$　　　$(+1) \times (-9) = \underline{}$

ある数と−1の積は，もとの数の_____を変えた数になる。

例 $(+3) \times (-1) = \underline{}$　　　$(-1) \times (-4) = \underline{}$

●乗法の計算法則

乗法では，負の数をふくむ場合も，次のことが成り立つ。

《乗法の交換法則》　　■ × ● ＝ ● × ■

《乗法の結合法則》　$(■ × ●) × ▲ ＝ ■ × (● × ▲)$

memo
乗法では，計算の順序や計算の組み合わせをかえることができる。

●積の符号

Point! いくつかの 0 でない数をかけ合わせるとき，

積の符号は $\begin{cases} 負の数が奇数個のとき → - \\ 負の数が偶数個のとき → + \end{cases}$

積の絶対値は，それぞれの数の絶対値の積になる。

まず，積の符号を決めてから，絶対値の積を求めよう！

負の数が3個(奇数個)だから積の符号は−

例 $(-3) \times (-4) \times 5 \times (-2) = \quad (3 \times 4 \times 5 \times 2)$

4つの数の絶対値の積を求める

$= \underline{\qquad}$

$3 \times 4 \times 5 \times 2$ は乗法の結合法則を使って，$(3 \times 4) \times (5 \times 2)$ と考えるといいね。

●累乗

同じ数をいくつかかけたものを，その数の累乗といい，指数を使って表す。

$2 \times 2 \times 2 = 2^3 \leftarrow$ 指数
（2 を何回かけたかを表す）

例 $(-2)^2 = (-2) \times (-2) = \underline{\qquad}$

例 $-2^2 = -(2 \times 2) = \underline{\qquad}$

注 ちがいに注意！

確認問題

(1) 次の計算をしましょう。

① $(+4) \times (+8)$

② $(-2) \times (-21)$

③ $(+5) \times (-9)$

④ $(-11) \times (+3)$

⑤ $(+1) \times (-4) \times (+5)$

⑥ $(-3) \times (+2) \times (-6)$

(2) 次の計算をしましょう。

① 7^2

② $(-5)^3$

6 乗法と除法②

除法

●符号が同じ2つの数の除法

Point! 符号が同じ2つの数の商は,

絶対値の商に正の符号をつけた数になる。

わり算のことを除法,除法の結果（答え）を商というよ。

例 $(+9) \div (+3) = + (9 \div 3) = +3$

正の符号

絶対値の商を求める

memo
$(+) \div (+) \rightarrow (+)$
$(-) \div (-) \rightarrow (+)$

例 $(-12) \div (-3) = \underline{} (12 \div \underline{}) = \underline{}$

●符号が異なる2つの数の除法

Point! 符号が異なる2つの数の商は,

絶対値の商に負の符号をつけた数になる。

memo
$(+) \div (-) \rightarrow (-)$
$(-) \div (+) \rightarrow (-)$

例 $(+30) \div (-6) = - (30 \div 6) = -5$

負の符号

絶対値の商を求める

例 $(-24) \div (+6) = \underline{} (24 \div \underline{}) = \underline{}$

●逆数

負の数も正の数と同じように, 積が1になる2つの数の一方を,

他方の逆数という。負の数の逆数は $\underline{}$ の数である。

例 $-\dfrac{4}{5}$ の逆数は,

$-\dfrac{4}{5} \times \left(-\dfrac{5}{4}\right) = 1$

$-3 \times \left(-\dfrac{1}{3}\right) = 1$

逆数？

ちがう！

例 -3 の逆数は,

●除法と乗法

Point! ある数でわることは, その数の逆数をかけることと同じである。

例 $18 \div (-6) = 18 \times (\underline{}) = -3$

🐱 除法を乗法になおして計算してみよう！

$$\frac{4}{7} \div \left(-\frac{2}{21}\right) = \frac{4}{7} \times (\underline{\hspace{3cm}})$$

$$= -6 \quad \xleftarrow{} -\frac{2}{21} \text{の逆数をかける}$$

● 乗法と除法の混じった式の計算

乗法と除法の混じった式は，除法を乗法になおして計算できる。

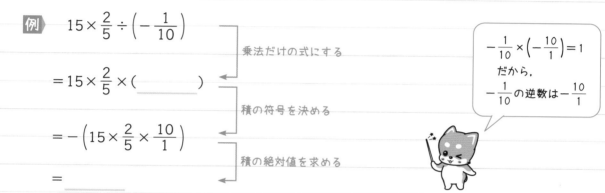

例　$15 \times \dfrac{2}{5} \div \left(-\dfrac{1}{10}\right)$ 　　乗法だけの式にする

$= 15 \times \dfrac{2}{5} \times (\underline{\hspace{2.5cm}})$ 　　積の符号を決める

$= -\left(15 \times \dfrac{2}{5} \times \dfrac{10}{1}\right)$ 　　積の絶対値を求める

$=$ \underline{\hspace{3cm}}

$-\dfrac{1}{10} \times \left(-\dfrac{10}{1}\right) = 1$
だから，
$-\dfrac{1}{10}$ の逆数は $-\dfrac{10}{1}$

（確認問題）

(1)　次の数の逆数を求めましょう。

① 8　　　　　② $-\dfrac{5}{9}$　　　　　③ $-\dfrac{1}{7}$

〔　　　　〕　　　　〔　　　　〕　　　　〔　　　　〕

(2)　次の計算をしましょう。

① $(-3) \div 7$　　　　　② $\dfrac{2}{5} \div \left(-\dfrac{2}{3}\right)$

(3)　次の計算をしましょう。

① $(-9) \times (-4) \div (-6)$　　　　　② $(-3) \div \left(-\dfrac{1}{2}\right) \times \dfrac{5}{6}$

7 いろいろな計算①

四則

●計算の順序

加法，減法，乗法，＿＿＿＿＿＿をまとめて四則という。

四則の混じった式の計算では，計算の順序に注意する。

Point! ・累乗のある式は，累乗を先に計算する。

　　　・かっこのある式は，かっこの中を先に計算する。

　　　・乗法や除法は，加法や減法よりも先に計算する。

🐕 加法と乗法の混じった式の計算をしてみよう！

$$6+3\times4=6+\boxed{}=$$

先に乗法の計算をする

お先に〜

🐕 四則の混じった式の計算をしてみよう！

$$(-2)^2\times(5-8)+4$$　累乗・（ ）の中の計算をする

$$=4\times(-3)+4$$　乗法の計算をする

$$=-12+4$$　加法の計算をする

$$=$$

計算の順序をまちがえると正しい答えを求められないよ！

●分配法則

正の数と同じように，負の数をふくむ計算についても，次のことが成り立つ。

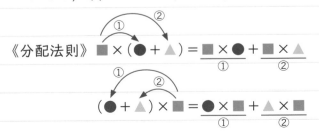

《分配法則》 ■×（●＋▲）＝■×●＋■×▲
　　　　　　　　　　　　　　①　　　②

（●＋▲）×■＝●×■＋▲×■
　　　　　　　　①　　　②

memo
分配法則を使うと計算が簡単になることがある。

🐕 分配法則を利用して計算してみよう！

$$2 \times \{(-50) + (-8)\} = 2 \times (-50) + 2 \times (\qquad)$$
$$= (\qquad) + (\qquad)$$
$$=$$

2×(−58)の
計算をするより，
簡単だね！

$$-15 \times 88 + (-15) \times 12 = \underline{\qquad} \times (88 + 12)$$
$$= -15 \times 100$$
$$= -1500$$

■×(●+▲)
=■×●+■×▲
を逆に使っているんだね！

分配法則は
便利！

確認問題

(1) 次の計算をしましょう。

① $4 - 3 \times 6$

② $-5 - 2 \times (-7)$

③ $3^2 + (-4) \times (-6)$

④ $(-2^3) \div (9 - 5)$

(2) 分配法則を使って，次の計算をしましょう。

① $\left(-\dfrac{1}{5} + \dfrac{2}{3}\right) \times 15$

② $-18 \times \left(\dfrac{5}{6} - \dfrac{1}{2}\right)$

③ $5 \times \{(-20) - (-3)\}$

④ $21 \times (-6) - 16 \times (-6)$

8 いろいろな計算②

動画 ▶
をみながら
＿＿＿をうめよう！

数の集合

それにふくまれるかどうか，はっきりと決め
られるものの集まりを集合という。

自然数全体や整数全体，小数や分数をふくめ
たすべての数全体の集まりも＿＿＿＿である。

> すべての数
> -1.3, $-\dfrac{4}{5}$, $\dfrac{1}{6}$, 4.5 など
>
> 整数
> ……, -2, -1, 0, 自然数 1, 2, 3, ……

素因数分解
そいんすう

●素数

その数よりも小さい自然数の積の形には表す
ことができない自然数を＿＿＿＿という。 ◀── 2, 3, 5, 7, …など

ただし，1 は素数にふくめ＿＿＿＿。

●素因数と素因数分解

自然数は，いくつかの自然数の積の形に表され，

積をつくっている 1 つ 1 つの自然数は，

もとの数の＿＿＿＿である。

素数である約数を＿＿＿＿といい，

自然数を素因数だけの積の形に

表すことを＿＿＿＿するという。

> 《素因数分解》
> $105 = \underline{3} \times \underline{5} \times \underline{7}$
> 素因数
> （素数である約数）

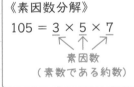

🐕 24 を素因数分解してみよう！

右の ▭ のように，小さい素数で順にわると…

$24 = 2 \times 2 \times 2 \times 3 = 2^3 \times 3$

同じ数をかけ合わせたものは累乗で表す
るいじょう

```
2 ) 24
2 ) 12
2 )  6
     3
```

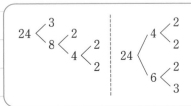

こんなふうに表す
こともあるよ♪
どんな順序で素因
数分解しても結果
は同じなんだ！

正の数，負の数の利用

Point! いくつかの数量の平均を求めるとき，基準とする
値（あたい）を決めて，次の方法で計算することもできる。

$$（平均）=（基準の値）+\frac{（基準とのちがいの合計）}{（数量の個数）}$$

memo
基準とする
値のことを
「仮の平均」
ともいう。

🐱 基準とのちがいを使って平均を求めてみよう！

右の表は，ある生徒の
4回の数学のテストの
得点を，70点を基準と

回	第1回	第2回	第3回	第4回
基準との差（点）	+5	−10	+2	−1

して，基準より高い場合は正の数で，基準より低い場合は負の数で表したものである。
4回のテストの平均を求めると…

$$（平均）=\underline{70}+\underline{\frac{5-10+2-1}{4}}=70-1=\underline{\qquad}（点）$$

基準の値 ⌝   基準とのちがいの平均

確認問題

(1)　6つの数，-3，1.5，23，0，4，$-\dfrac{2}{3}$ の中から，自然数の集合にふくまれる

　数をすべて選びましょう。　　　　　　　　　　　　　　〔　　　　　　　　　　〕

(2)　36 を素因数分解しましょう。　　　　　　　　　　　　〔　　　　　　　　　　〕

(3)　右の表は，A，B，C，D，
　E の5人の生徒の身長を，
　A の身長を基準として，基

生徒	A	B	C	D	E
基準との差（cm）	0	+1	−3	−4	+2

　準より高い場合は正の数で，基準より低い場合は負の数で表したものです。A の
　身長が154cm のとき，5人の身長の平均は何 cm か，求めましょう。

　　　　　　　　　　　　　　　　　　　　　　　　　　　〔　　　　　　　　　　〕

1 文字を使った式①

動画 ▶ をみながら をうめよう！

文字を使った式

1個30円のキャンディーをいくつか買うときの代金は…

1個買うとき　→　30×1（円）

2個買うとき　→　30×2（円）

3個買うとき　→　$30 \times$ ＿＿＿（円）

・　　　　　・

・　　　　　・

・　　　　　・

a個買うとき　→　$30 \times$ ＿＿＿（円）

文字を使うと，どんな場合も1つの式でまとめて表すことができるね。

1個30円のキャンディーをa個買って，

500円出したときのおつりは，（＿＿＿＿＿＿＿）円である。

aやxなどの文字を使った式を文字式という。

文字式の表し方

●積の表し方

Point! ［1］文字式では，乗法の記号$\times$をはぶく。

［2］文字と数の積では，数を文字の前に書く。

［3］同じ文字の積では，指数を使って書く。

※文字の積は，ふつうはアルファベット順に書く。

🐱積を表してみよう！

$a \times b =$ ＿＿＿
$\times$をはぶく

$x \times (-2) =$ ＿＿＿
数は文字の前に書く

$b \times a \times 8 =$ ＿＿＿
アルファベット順に書く

$(x+y) \times 5 =$ ＿＿＿
$x+y$は1つの文字と同じように考える

memo

$1 \times a = a$　　$a \times 1 = a$　　$(-1) \times a = -a$　　$a \times (-1) = -a$

(注) $0.1 \times a = 0.1a$
$0 \cancel{1} a$

🐾 同じ文字の積を表してみよう！

$\underset{\text{同じ文字の積は，指数を使って書く}}{\underline{x} \times \underline{x} \times \underline{x}} =$ 　　　　　 $x \times y \times x \times 2 =$

$a \times b \times (-3) \times b =$

●商の表し方

Point!　文字式では，除法の記号÷を使わず，分数の形に書く。

🐾 商を表してみよう！

$\underset{\text{記号÷を使わず，分数の形に表す}}{\underline{x \div 4}} =$

> ÷を×になおして，
> $x \div 4 = x \times \dfrac{1}{4}$ だから，
> $\dfrac{1}{4}x$ と書いてもよい。

$x \div (-2) = \underset{\text{－は分数の前に書く}}{\dfrac{x}{-2}} =$ 　　　　　 $(\underset{a+b は 1 つの文字と同じように考える}{\underline{a+b}}) \div 3 =$

> 分子のかっこはとる。

🐾 積と商の混じった式を表してみよう！

$6 \times a \div 5 = 6a \div 5 =$

> $\dfrac{6}{5}a$ と書いてもよい。

> 分数の表し方に
> 注意しよう！

$a \div b \times 4 = \dfrac{a}{b} \times 4 =$

> $4\dfrac{a}{b}$ と書いてはいけない。

確認問題

(1)　次の式を，文字式の表し方にしたがって表しましょう。

①　$x \times (-8)$ 　　　〔　　　　　〕　　②　$a \times a \times 2$ 　　　〔　　　　　〕

③　$x \div 3$ 　　　〔　　　　　〕　　④　$9 \div a \div 7$ 　　　〔　　　　　〕

(2)　次の式を，記号×，÷を使って表しましょう。

①　$-8a$ 　　　　　　②　$x^2 y^3$ 　　　　　　③　$\dfrac{x}{7}$

〔　　　　　〕　〔　　　　　　　　〕　〔　　　　　〕

2 文字を使った式②

いろいろな数量の表し方

●代金とおつり

1個 x 円のりんごを2個買って，1000円を支払った。

このときのおつりを，文字を使って表すと…

$(\underline{1000}-\underline{})$ 円

‥‥ 買ったりんごの代金

‥‥ 支払った金額

x 円が2個だから
$x×2=2x$（円）

●割合

a kg の40%の重さを文字式で表すと…

$a×\dfrac{40}{100}=\underline{}$ （kg）

memo

1割 → $\dfrac{1}{10}$

1% → $\dfrac{1}{100}$

●速さ

x km の道のりを3時間で歩いたときの速さを
文字式で表すと…

$x÷3=\underline{}$ より　時速 $\underline{}$ km

memo

（速さ）＝（道のり）÷（時間）
（道のり）＝（速さ）×（時間）
（時間）＝（道のり）÷（速さ）

●単位をそろえて表す

長さ x m の針金から，長さ15cmの針金を y 本切り取ったとき，
残りの針金の長さを

cm の単位で表すと…x m ➡ $100x$ cm だから，$(\underline{}-15y)$ cm

m の単位で表すと…15cm ➡ 0.15m だから，$(x-\underline{})$ m

●円周の長さ

半径が $2a$ cm である円の周の長さを
文字式で表すと…

$\underline{2×2a}×\underline{}=\underline{}$ （cm）

‥‥ 直径　　‥‥ π は，数とほかの文字の間に書く

memo

（円周）＝（直径）×（円周率 π）

㊟ 小学校では円周率を3.14 という
およその数で考えたが，
これからは π という文字で表す。

代入と式の値

式の中の文字を数におきかえることを，文字に
その数を ＿＿＿＿ するといい，代入して計算した
結果を，そのときの ＿＿＿＿ という。

> **例** $x=8$ のとき，
> ⑧ $x-5$ ← 式の値
> 代入する↓
> ⑧ $-5=$ ③

🐾 式の値を求めてみよう！

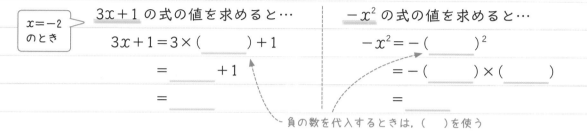

$x=-2$ のとき

$3x+1$ の式の値を求めると…

$3x+1=3\times(\quad)+1$
$=\quad+1$
$=$

$-x^2$ の式の値を求めると…

$-x^2=-(\quad)^2$
$=-(\quad)\times(\quad)$
$=$

＿＿ 負の数を代入するときは，（　）を使う

🐾 2種類の文字をふくむ式の値を求めてみよう！

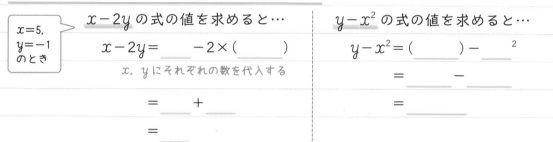

$x=5,$
$y=-1$
のとき

$x-2y$ の式の値を求めると…

$x-2y=\quad-2\times(\quad)$

x, y にそれぞれの数を代入する

$=\quad+\quad$
$=$

$y-x^2$ の式の値を求めると…

$y-x^2=(\quad)-\quad^2$
$=\quad-\quad$
$=$

確認問題

(1) 次の数量を文字式で表しましょう。

① 1個 a 円のみかんを 12個買ったときの代金　　〔　　　　　〕

② xm の道のりを分速 70m で歩くときにかかる時間　〔　　　　　〕

(2) 次の式の値を求めましょう。

① $x=3$ のとき，$6x-12$

② $a=-1$ のとき，a^3

3 文字式の計算①

動画 ▶ をみながら ＿＿＿をうめよう！

1 次式の加法，減法

● 項と係数

式 $2x+5$ において，加法の記号＋で結ばれた $2x$ と 5 を，

それぞれ式 $2x+5$ の ＿＿＿＿ という。また，文字をふくむ項 $2x$ に

おいて，数の部分 2 を x の ＿＿＿＿ という。

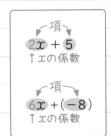

項
$2x + 5$
↑xの係数

項
$6x + (-8)$
↑xの係数

例 式 $6x-8$ を加法の式で表すと，$6x+(-8)$ となるから，

この式の項は，＿＿＿＿ と ＿＿＿＿ で，

$6x$ の項における x の係数は ＿＿＿ である。

● 1 次式

$\overset{\text{8}x, -2y \text{など}}{}$

0 でない数と 1 つの文字の積で表される項を ＿＿＿＿＿＿＿＿，

1 次の項だけの式か，1 次の項と数の項の和で表される式を

＿＿＿＿＿＿ という。

《1 次式》

  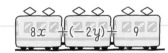 など

● 1 次式のまとめ方

Point! 文字の部分が同じ項は，1 つの項に

まとめることができる。

memo
$ax+bx=(a+b)x$
$ax-bx=(a-b)x$

文字式をまとめてみよう！

$4x+5x=(4+\ \underline{\quad}\ )x=$

係数どうしをたす

$7y-2y=(\ \underline{\quad}-2)y=$

分配法則の
逆の形だね！

Point! 文字の項と数の項が混じった式は，

・同じ文字の項どうしを 1 つにまとめる。

・数の項どうしを計算する。

🐱 文字と数が混じった式をまとめてみよう！

$3x-2+2x+4$

$=3x+-2+$ — 項を並べかえる

$=()x+()$ — 文字の項，数の項をそれぞれまとめる

$=$

5x と 2 をまとめることはできないよ。

memo

加法の交換法則
$a+b=b+a$
加法の結合法則
$(a+b)+c=a+(b+c)$

● 1次式の加法と減法

🐱 1次式の加法と減法の計算をしてみよう！

かっこの前が−のときは符号に注意！

$(3a+1)+(2a-4)$ — かっこをはずす

$=3a+1+-4$

$=3a++-4$

$=$

$(3a+1)-(2a-4)$ — かっこをはずす

$=3a+1-2a$

$=3a+1$

$=$

右と左，どこがちがうかな？

ひく式の各項の符号を変えてたすんだね。

確認問題

(1) 次の式の項と，文字をふくむ項の係数を答えましょう。

① $6x+8y$　　項〔　　　　　〕

　　　　x の項の係数〔　　　　　〕

　　　　y の項の係数〔　　　　　〕

② $4m-3n$　　項〔　　　　　〕

　　　　m の項の係数〔　　　　　〕

　　　　n の項の係数〔　　　　　〕

(2) 次の計算をしましょう。

① $3x+8x$

② $6a-9a$

③ $2x-1-3x+6$

④ $(a+8)-(-5a+1)$

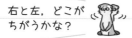

4 文字式の計算②

動画 ▶ をみながら ＿＿をうめよう！

1次式と数の乗法，除法

● 1次式と数の乗法

項が1つだけの1次式と数の乗法の計算は，

数どうしの乗法と同じように行うことができる。

🐱 項が1つだけの1次式と数の乗法の計算をしてみよう！

$$3x \times 7 = 3 \times x \times 7$$
$$= 3 \times 7 \times \underline{}$$
$$= \underline{}$$

積の順序をかえる

数の積を計算する

memo
乗法の交換法則
$a \times b = b \times a$
乗法の結合法則
$(a \times b) \times c = a \times (b \times c)$

項が2つある1次式と数の乗法では，

分配法則を使って計算する。

できるかな…

memo
分配法則
$a(b+c) = ab + ac$
$(a+b)c = ac + bc$

🐱 項が2つある1次式と数の乗法の計算をしてみよう！

分配法則を使う

$$4(2x+1) = 4 \times \underline{} + 4 \times 1$$
$$= \underline{}$$

できた♪

● 1次式と数の除法

Point! 除法は，乗法になおして計算できる。

🐱 項が1つだけの1次式と数の除法の計算をしてみよう！

$$15x \div 5 = 15x \times \underline{}$$

乗法だけの式になおす

$$= 15 \times \frac{1}{5} \times \underline{}$$
$$= \underline{}$$

数どうしの除法の計算のしかたと同じだね！

🐱 項が2つある1次式と数の除法の計算をしてみよう！

$$(8x-4)\div 2=(8x-4)\times \underline{\qquad}$$ ◀── 乗法だけの式になおす

$$=8x\times \frac{1}{2}\underline{\qquad}$$

$$=\underline{\qquad}$$

> $(8x-4)\div 2=\dfrac{\overset{4}{8x}-\overset{2}{4}}{\underset{1}{2}}$
> $=4x-2$
> 分数の形にして約分してもよい。

● いろいろな1次式の計算

🐱 分数の形の式と数の乗法の計算をしてみよう！

$$\frac{2x+1}{3}\times 9=(\underline{\qquad})\times 3$$

> $\dfrac{2x+1}{3}\times 9=\dfrac{(2x+1)\times\overset{3}{9}}{\underset{1}{3}}$

$$=\underline{\qquad}$$

だれ !?

🐱 かっこをふくむ式の計算をしてみよう！

$$3(x+2)-5(2x+1)=3x+6\underline{\qquad}$$ ◀── かっこをはずす

$$=3x\underline{\qquad}+6\underline{\qquad}$$

同じ文字の項どうし，
数の項どうしを，
それぞれまとめる

$$=\underline{\qquad}$$

これでどんな
文字式も計算
できるぞ！

┌──────────────────────────────┐
　　　　　　　確認問題

(1) 次の計算をしましょう。

① $-2x\times(-6)$　　　　② $27y\div(-9)$

③ $5(-4x+8)$　　　　④ $(14a-21)\div(-7)$

(2) 次の計算をしましょう。

① $\dfrac{5x-3}{4}\times 16$

② $6(2a-5)-2(a-8)$
└──────────────────────────────┘

5 文字式の計算③

文字式の利用

わからない数量を文字にすると，式に表して考えることができる。

●文字式の表す数量

りんご 1 個の値段を a 円，みかん 1 個の値段を b 円

とするとき，$5a + 3b$ が表す数量は…？

> a はりんご 1 個の値段だから，$5a$ はりんごを 　　 個買うときの代金
> b はみかん 1 個の値段だから，$3b$ はみかんを 　　 個買うときの代金
> したがって，$5a + 3b$ は，1 個 　　 円のりんごを 　　 個と，
> 1 個 　　 円のみかんを 　　 個買うときの 　　　 の合計である。

長方形の縦の長さを x cm，横の長さを y cmとするとき，

xy が表す数量は…？

> 長方形の面積は，（縦）×（横）で求めることができるので，
> xy は，　　　　　　　　　　 を表す。

それぞれの文字が何を表しているか考えよう！

n を自然数とするとき $2n$，$2n-1$ がそれぞれ表す数量は…？

> 2 でわり切れる整数が偶数，2 でわり切れない整数が
> 奇数だから，$2n$ は 　　　　，$2n-1$ は 　　　　 を表す。

●関係を表す式

数量が等しいという関係を，等号「＝」を使って表した式を 　　　　，

数量の大小関係を，不等号「＜，＞，≦，≧」を使って表した式を

　　　　　 という。

等式（とうしき）
$2x + 6 = 10$
左辺（さへん）　右辺（うへん）
両辺（りょうへん）

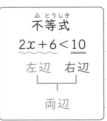

不等式（ふとうしき）
$2x + 6 < 10$
左辺　右辺
両辺

memo
$x < y$…x は y より小さい
　　　　（x は y 未満）
$x > y$…x は y より大きい
$x ≦ y$…x は y 以下
$x ≧ y$…x は y 以上

🐱 数量が等しい関係を等式で表してみよう！

> x 本の鉛筆を 6 人の生徒に y 本ずつ配ると，鉛筆が 3 本余った。

◎余った鉛筆の本数について等式で表すと…

（余った本数）＝（鉛筆の総数）－（配った本数）

    $y×6=6y$

> 同じ関係をちがう形の式に表せるんだね。

よって，$3＝$ _____

◎鉛筆の総数について等式で表すと…

（鉛筆の総数）＝（配った本数）＋（余った本数）だから，

⌐＝を使った式

🐱 数量の大小関係を不等式で表してみよう！

> am 離れた公園に向かって分速 50m で b 分歩いたが，公園には到着しなかった。

数量の大小関係に着目して，それぞれの数量を
文字式で表してから，不等号で結ぶ。

（道のり）＝（速さ）×（時間）

さーて
am 歩くか〜

分速 50m で b 分歩いた道のりは，　　　　m

公園に到着しなかったのだから，

公園までの道のり am は，50bm よりも　　　　。

よって，

確認問題

(1)　次の数量の関係を等式で表しましょう。

①　1 個 x 円のケーキ 3 個の代金は y 円である　　〔　　　　　　〕

②　20km の道のりを進むのに，$x$km 進んだところ，残りの道のりは $y$km であった。　　〔　　　　　　〕

(2)　次の数量の関係を不等式で表しましょう。

①　姉は x 円，妹は y 円持っている。2 人が持っているお金を合わせても 6000 円の商品を買うことができない。　　〔　　　　　　〕

②　ある数 m を 4 倍して 5 をたすと n より大きくなる。

〔　　　　　　〕

1 1次方程式①

をみながら
をうめよう！

方程式とその解

文字の値によって，成り立ったり，成り立たなかったりする等式を

＿＿＿＿という。

方程式を成り立たせる文字の値を，

方程式の＿＿＿といい，

解を求めることを，方程式を＿＿＿＿＿という。

方程式!?

good morning

🐕 方程式の解を求めてみよう！

方程式 $3x-1=2$ の左辺の x に

$x=-2$ を代入すると… （左辺）$=3\times(-2)-1=-7$

（右辺）$=2$ なので **成り立たない** $\times$

（左辺）＝（右辺）
とならない

$x=1$ を代入すると… （左辺）$=3\times1-1=$＿＿＿

（左辺）＝（右辺）となるので，**成り立つ**

よって，この方程式の解は，＿＿＿＿＿

等式の性質

● 等式の性質

Point! 等式について次のことがいえる。

[1] 等式の両辺に

同じ数をたしても，等式は成り立つ。

[2] 等式の両辺から

同じ数をひいても，等式は成り立つ。

[3] 等式の両辺に

同じ数をかけても，等式は成り立つ。

[4] 等式の両辺を

同じ数でわっても，等式は成り立つ。

※等式の両辺を入れかえても，その等式は成り立つ。

$\longrightarrow A=B$ ならば $B=A$

memo
[1] $A=B$ ならば $A+C=B+C$
[2] $A=B$ ならば $A-C=B-C$
[3] $A=B$ ならば $AC=BC$
[4] $A=B$ ならば $\dfrac{A}{C}=\dfrac{B}{C}$

ただし，$C \neq 0$

↑ C が0でないことを表す

覚えて
おこう！

●等式の性質を使って方程式を解く

🐺 等式の性質を使って方程式を解いてみよう！

[1]　　$x-2=6$　　　　　　　　　　　　[2]　　$x+2=6$

　　　$x-2+2=6+2$　← 両辺に2をたす　　　$x+2-2=6-2$　← 両辺から2をひく

　　　　　$x=$　　　　　　　　　　　　　　　　　$x=$

[3]　　$\dfrac{x}{2}=6$　　　　　　　　　　　　[4]　　$-2x=6$

　　　$\dfrac{x}{2}\times2=6\times2$　← 両辺に2をかける　　　$\dfrac{-2x}{-2}=\dfrac{6}{-2}$　← 両辺を-2でわる

　　　　　$x=$　　　　　　　　　　　　　　　　　$x=$

1次方程式の解き方

Point!　等式では，一方の辺の項を，符号を変えて他方の辺に移すことができる。
　　　　これを移項という。

🐺 移項を使って方程式を解いてみよう！

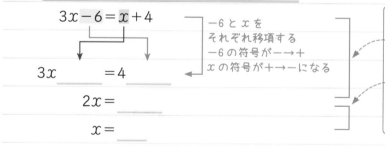

$3x-6=x+4$　　-6とxをそれぞれ移項する　-6の符号が-→+　xの符号が+→-になる

$3x=4$

$2x=$

$x=$

> ### 1次方程式の解き方
> ①文字の項を左辺に，数の項を右辺に移項し，$ax=b$ の形にする。
> ②両辺を x の係数 a でわる。
> ※移項して $ax=b$ となる方程式を1次方程式という。

確認問題

(1)　次の方程式のうち，解が2であるものを選びましょう。

　ア　$x-4=2$　　　　　　イ　$3x-1=5$　　　　　　ウ　$-x+2=1$

〔　　　　　〕

(2)　次の方程式を解きましょう。

　①　$2x-3=-5$　　　　　　　　②　$x+1=2x-3$

〔　　　　　〕　　　　　　　　　　　〔　　　　　〕

2 1次方程式②

動画 ▶ をみながら＿＿をうめよう！

かっこのある1次方程式

Point! かっこのある方程式は，次の手順で解く。

① かっこをはずす。

② x をふくむ項を左辺に，数の項を右辺に移項して，

　方程式を $ax = b$ の形に整理する。

③ 両辺を x の係数 a でわる。

memo
項の符号を変えて，左辺から右辺，または，右辺から左辺に移すことを移項という。

🐕 かっこのある1次方程式を解いてみよう！

$$3x + 12 = 2(x + 7)$$

$$3x + 12 = \underline{} + 14$$ ①かっこをはずす

$$3x \quad 2x = \underline{} - 12$$ ②移項する

$$x = \underline{}$$

かっこのある方程式は，まず，かっこをはずそう！

係数に小数をふくむ1次方程式

Point! 係数に小数をふくむ方程式は，次の手順で解く。

① 両辺を 10 倍，100 倍，…して，係数を整数にする。

② 移項して方程式を $ax = b$ の形に整理する。

③ 両辺を x の係数 a でわる。

係数が全部整数になるように，10や100を両辺にかけるよ。

🐱 係数に小数をふくむ1次方程式を解いてみよう！

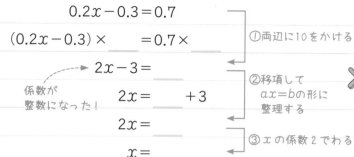

$$0.2x - 0.3 = 0.7$$

$$(0.2x - 0.3) \times \underline{\quad} = 0.7 \times \underline{\quad}$$

①両辺に10をかける

係数が 整数になった！
$$2x - 3 = \underline{\quad}$$

②移項して $ax = b$ の形に 整理する
$$2x = \underline{\quad} + 3$$

$$2x = \underline{\quad}$$

③ x の係数2でわる
$$x = \underline{\quad}$$

memo

小数に 10，100，… を かけると，0の数だけ小 数点の位置が右に移る。
例 $0.2 \times 10 = 2.0$

$$0.04x - 0.01 = 0.02x + 0.03$$

$$(0.04x - 0.01) \times \underline{\quad} = (0.02x + 0.03) \times \underline{\quad}$$

両辺に100をかける

係数が 整数になった！
$$4x - 1 = \underline{\quad}$$

$$4x \underline{\quad} = 3$$

$$2x = \underline{\quad}$$

$$x = \underline{\quad}$$

まず，係数を整数 にしてから計算す るんだね。

確認問題

(1) 次の方程式を解きましょう。

① $6 - (x - 7) = 15$

〔　　　　　〕

② $2(2x - 1) = 3x$

〔　　　　　〕

(2) 次の方程式を解きましょう。

① $0.2x - 0.3 = 0.1$

〔　　　　　〕

② $0.3x + 0.8 = -0.5x$

〔　　　　　〕

③ $0.05x - 0.02 = 0.03x - 0.08$

〔　　　　　〕

3 1次方程式③

係数に分数をふくむ1次方程式

Point! 係数に分数をふくむ方程式は，次の手順で解く。

① 両辺に分母の公倍数をかけて，係数を整数にする。

② 移項して方程式を $ax=b$ の形に整理する。

③ 両辺を x の係数 a でわる。

> memo
> 分数をふくむ方程式を，分数をふくまない式に変形することを，「分母をはらう」という。

🐶 係数に分数をふくむ1次方程式を解いてみよう！

$$\frac{1}{2}x - 3 = -\frac{1}{4}x$$

①両辺に分母の2と4の最小公倍数4をかける

$$\left(\frac{1}{2}x - 3\right) \times \underline{\quad} = -\frac{1}{4}x \times \underline{\quad}$$

$$2x - \underline{\quad} = -x$$

$$2x + \underline{\quad} = 12$$

②移項して $ax=b$ の形に整理する

$$3x = \underline{\quad}$$

$$x = \underline{\quad}$$

③ x の係数3でわる

> 係数に分数があったら，まず，分母の公倍数をさがそう！

比例式

●比例式の性質

Point! 比 $a:b$ と $c:d$ が等しいことを表す式

$a:b = c:d$ を比例式といい，

次のことが成り立つ。

$$a:b = c:d \quad のとき \quad ad = bc$$

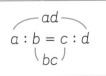

> memo
> 比 $a:b$ で，$\frac{a}{b}$ を比の値という。比が等しいとき，
> 比の値も等しいので，$a:b = c:d$ のとき $\frac{a}{b} = \frac{c}{d}$
> この式を変形すると $ad = bc$ となる

●比例式を満たす x の値

🐱 比例式を満たす x の値を求めてみよう！

$$x : 8 = 3 : 4$$

比例式の性質
$a : b = c : d$ のとき
$ad = bc$ を使う

かけ合わせる数を
まちがえないよう
に気をつけてね！

$$x \times \quad = 8 \times$$

$$4x =$$

$$x =$$

$$(x - 3) : 7 = 2 : 1$$

$a : b = c : d$ のとき
$ad = bc$

$$(x - 3) \times \quad = 7 \times$$

かっこをはずす

$(x-3)$ をひとまとまりと
考えよう！

$$x - 3 =$$

$$x = 14$$

$$x =$$

確認問題

(1) 次の方程式を解きましょう。

① $\dfrac{1}{5}x - 3 = -1$

② $\dfrac{1}{3}x + 1 = \dfrac{1}{2}x$

〔　　　　　〕　　　　　　　　　　　　　〔　　　　　〕

③ $\dfrac{1}{4}x = \dfrac{5}{6}x + 7$

④ $\dfrac{3}{4}x - 6 = \dfrac{1}{5}x + 5$

〔　　　　　〕　　　　　　　　　　　　　〔　　　　　〕

(2) 次の比例式で，x の値を求めましょう。

① $x : 6 = 2 : 3$

〔　　　　　〕

② $(x - 1) : 3 = 8 : 6$

〔　　　　　〕

4 1次方程式の利用①

動画をみながら＿＿＿をうめよう！

代金の問題

プリンを5個と1個200円のシュークリームを2個買うと，
代金の合計は1650円であった。
プリン1個の値段を求めなさい。

問題を解く手順

プリン1個の値段を x 円とする。

← ① 求める数量を文字で表す。

x で表すことが多い

プリン5個の代金は，＿＿＿円
シュークリーム2個の代金は，
　　　　　（＿＿＿×2）円
代金の合計について，
方程式に表すと，
　　　＿＿＿ ＋ ＿＿＿ ×2＝1650

← ② 等しい数量を見つけて，方程式に表す。

問題の条件を，ことばの式や表・図に整理するといいよ！

左辺＝右辺

　　　＿＿＿ ＋ ＿＿＿ ＝1650
　　　　　　 $5x＝$ ＿＿＿
　　　　　　　 $x＝$ ＿＿＿

← ③ 方程式を解く。

x の値を求めよう。

プリン1個の値段を250円
とすると，代金の合計は1650円
となり，問題に適している。

← ④ 解が実際の問題に適しているか確かめる。

答 プリン1個 ＿＿＿ 円

---

memo

④の解の確かめのときに途中の計算もまちがっていないか確認しておこう。
なお，上の〔　〕の部分は，確認のみして解答では省いてもよい。

何人かの子どもに鉛筆を配るとき，

1人に6本ずつ配ると10本不足し，5本ずつ配ると10本余る。

子どもの人数と鉛筆の本数を求めなさい。

子どもの人数を x 人とする。

2通りの配り方について，鉛筆の本数を，それぞれ x の式で表すと，

・6本ずつ配るとき→ $6x$ 本必要だけど 10本足りない から $(6x-10)$ 本

・5本ずつ配るとき→ ____ 本配って 10本余る から（ ____ ）本

鉛筆の本数は等しいので， ____ ＝ ____

これを解くと， $6x-10=5x+10$

$6x \quad =10$

$x=$ ____

$6×20-10=110$ より，鉛筆の本数は110本

⌐‑‑ $5×20+10$ でも求められる

子どもの人数が ____ 人で，鉛筆の本数が ____ 本とすると，

問題に適している。

答 子ども ____ 人，鉛筆 ____ 本

確認問題

1個20円のあめを何個かと，1個50円のチョコレートを3個買ったところ，代金の合計は210円でした。次の問いに答えましょう。

(1) 買ったあめの個数を x 個として，方程式をつくりましょう。

〔 ____ 〕

(2) 買ったあめの個数を求めましょう。

〔 ____ 〕

5 1次方程式の利用②

速さの問題

A さんが家から 1100m 離れた図書館に行くのに，
途中にあるポストまでは分速 70m で歩き，
ポストから先は分速 80m で歩いたところ，
家を出発してから 15 分で図書館に着いた。
A さんが分速 70m で歩いた時間を求めなさい。

A さんが分速 70m で歩いた時間を x 分とする。

表の空らんをうめよう！

	速さ（m/分）	時間（分）	道のり（m）
家〜ポスト	70	x	
ポスト〜図書館	80		
合　計			1100

（道のり）＝（速さ）×（時間）

家からポストまでの道のりと，
ポストから図書館までの道のりの和は，　　　　m だから，

$$70x + = 1100$$
$$70x + 1200 = 1100$$
$$70x = 1100$$
$$-10x = $$
$$x = $$

符号に
気をつけて
計算しよう！

A さんが分速 70m で　　　分歩いたとすると，道のりの合計は，

$$70 \times 10 + 80 \times (15 - 10) = \text{（m）}$$

となり，問題に適している。

 答　分速 70m で歩いた時間は

比例式の応用

黒い碁石が 12 個，白い碁石が 20 個入っている箱に
黒い碁石を何個か入れたところ，箱の中の黒い碁石と
白い碁石の個数の比が 3：4 になった。
入れた黒い碁石の個数を求めなさい。

入れた黒い碁石の個数を x 個とすると，箱の中の黒い碁石は (　　　　　) 個

黒と白の碁石の個数の比から比例式をつくると…

$$(\quad\quad\quad) : 20 = 3 : 4$$

$$(\quad\quad\quad) \times 4 = 20 \times \underline{\quad}$$

比例式の性質
を使う

覚えて
いるかな？

> **memo**
> **比例式の性質**
> $a : b = c : d$
> のとき
> $ad = bc$

$$\underline{\quad} \times 4 + \underline{\quad} \times 4 = \underline{\quad}$$

$$48 + \underline{\quad} = \underline{\quad}$$

$$4x = \underline{\quad} - 48$$

黒い碁石を　　個入れたとすると，

$$4x = \underline{\quad}$$

黒い碁石は全部で　　個となり，

$$x = \underline{\quad}$$

$\overline{12+3}$

問題に適している。

答 □ _____

確認問題

　ある人が家から 780m 離れた駅まで行くのに，はじめは分速 60m で歩き，途中
から分速 75m で歩いたところ，家を出てから 12 分で駅に着きました。このとき，
次の問いに答えましょう。

(1)　分速 60m で歩いた時間を x 分として，方程式をつくりましょう。

〔　　　　　　　　　　　　　　　　　　　　　　　〕

(2)　分速 60m で歩いた道のりは何 m か，求めましょう。

〔　　　　　〕

1 関数

2つの数量の関係

直方体の形をした空の水そうに，一定の割合で水を入れていくと，

水を入れ始めてから1分後に，底から2cmの高さまで水がたまる。

水を入れ始めてから x 分後に底から $y$cm の高さまで

水がたまるとして，x と y の関係を表に表すと…

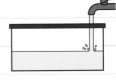

x（分）	0	1	2	3	4	5	…
y（cm）	0	2	___	___	___	___	…

上の表のように，x の値が1つ決まると，

それに対応して y の値がただ1つに決まるとき，

y は x の _____ であるという。

🐕 関数かどうか考えてみよう！

　次のア～ウのうち，y が x の関数であるものは _____ である。

　ア　時速 $x$km で進むときにかかる時間 y 時間

　　　道のりがわからないと，かかる時間が決まらない

　イ　1個350円のケーキを x 個買って，5000円出したときのおつり y 円

　　　$y=5000-350x$ だから，x の値が決まると，y の値もただ1つに決まる

　ウ　底辺の長さが $x$cm の三角形の面積 $y$cm^2

　　　高さがわからないと，面積が決まらない

変数と変域

上の水そうにおける x と y のように，いろいろな

値をとる文字のことを 変数 という。

上の水そうの深さが40cmであるとき，　⌐--- 40÷2

水そうがいっぱいになるのは，_____ 分後だから，

変数 x のとりうる値の範囲は，0以上 _____ 以下となり，

$0 ≦ x$ _____ と表すことができる。

変数のとりうる値の範囲を _____ という。

40

変域の表し方

Point! 変域は，不等号や数直線を使って表す。

意 味	不等号で表す	変域を表す図
x が 0 より大きい	$x > 0$	0 　○をふくまない
x が 0 以上	———	0 　●をふくむ
x が 10 より小さい（10 未満）	———	10
x が 10 以下	$x \leqq 10$	10
x が 0 以上 10 以下	$0 \leqq x \leqq 10$	0　10

数直線上に表そう

確認問題

(1) 縦の長さが $x$cm，横の長さが 5cm の長方形の面積を $y$cm^2 とします。

① 下の表は，x と y の関係を表したものです。表の空らんをうめましょう。

x(cm)	0	1	2	3	4	5	…
y(cm^2)	0	5	———	15	———	———	…

② y は x の関数です。x の変域が $3 \leqq x \leqq 8$ のときの y の変域を求めましょう。

〔　　　　　　　　　〕

(2) 次のような変数 x の変域を不等式で表しましょう。

① x が -3 未満　　　　　　　② x が -4 以上 2 以下

〔　　　　　　　〕　　　　　　〔　　　　　　　〕

2 比例

●比例の式

y が x の関数で，x と y の関係が $y=ax$ のような式で

表されるとき，y は x に＿＿＿＿＿という。

比例の式 $y=ax$ における文字 a は定数で，

これを＿＿＿＿＿という。

．．．一定の数やそれを
表す文字のこと

変数　　変数
↓　　　↓
$y = a\,x$
↑
定数（比例定数）

Point! 比例 $y=ax$ では，$x \neq 0$ のとき $\dfrac{y}{x}$ は一定で

あり，その値は比例定数 a に等しくなる。

$$\frac{y}{x} = a$$

小学校で勉強
したね！

●比例の関係

比例 $y=ax$ では，変数が負の値をとる場合もある。

$y=3x$ について，対応する x と y の値を表に表すと…

x	…	-4	-3	-2	-1	0	1	2	3	4	…
y	…				-3	0	3				…

比例 $y=ax$ では，比例定数が負の数の場合もある。

$y=-3x$ について，対応する x と y の値を表に表すと…

x	…	-4	-3	-2	-1	0	1	2	3	4	…
y	…				3	0	-3				…

Point! 比例 $y=ax$ では，x の値が 2 倍，3 倍，4 倍，……になると，

y の値も 2 倍，3 倍，4 倍，……になる。

memo
比例 $y=ax$ では，変数や比例定数が負の数のときも，
x と y の変わり方は正の数のときと同じである。

比例の式の求め方

🐶 x と y の値から比例の式を求めてみよう！

> y は x に比例し，$x=2$ のとき $y=-10$ である。

y は x に比例するから，比例定数を a とすると，

_____ と表すことができる。

$x=2$ のとき $y=-10$ だから，

　　　_____ $=a×$ _____ •----→ $y=ax$ に $x=2$，$y=-10$ を代入する

これを解くと，$a=$ _____

よって，求める式は，_____

x と y の値が
1組わかれば，
比例の式を求め
られるんだね！

確認問題

(1) 下の表で，y は x に比例しています。

x	…	-3	-2	-1	0	1	2	3	…
y	…	_____	-4	_____	0	2	_____	6	…

① 表の空らんをうめましょう。

② 比例定数を求めましょう。　　　　　　　　　　　〔　　　　　〕

③ y を x の式で表しましょう。

　　　　　　　　　　　　　　　　　　　　　　　〔　　　　　〕

(2) y は x に比例し，$x=2$ のとき $y=-8$ です。
① y を x の式で表しましょう。

　　　　　　　　　　　　　　　　　　　　　　　〔　　　　　〕

② $x=-3$ のときの y の値を求めましょう。

　　　　　　　　　　　　　　　　　　　　　　　〔　　　　　〕

3 座標，比例のグラフ

動画 をみながら をうめよう！

座標

●座標平面

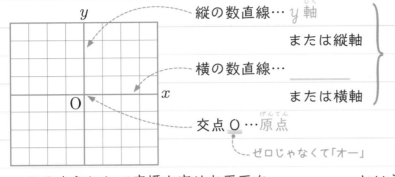

縦の数直線…y軸

または縦軸

横の数直線…＿＿＿＿

または横軸

2つ合わせて
座標軸という。

交点 O …原点
ゼロじゃなくて「オー」

夢は
モデル

このようにして座標を定めた平面を ＿＿＿＿＿＿ という。

●点の座標

点Aの x 座標

点Aの ＿＿＿＿＿＿

（ 5 , 4 ）

点Aの 座標

memo
点Aの座標が(5, 4)で
あることを
$$A(5, 4)$$
と表すこともある。

🐕 右の図の点B，C，Dの座標を答えてみよう！

B (＿＿＿ , ＿＿＿)

C (＿＿＿ , ＿＿＿)

D (＿＿＿ , ＿＿＿)

比例のグラフ

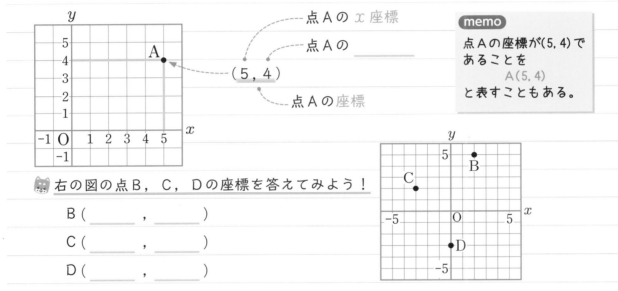

比例 $y=ax$ のグラフは，

＿＿＿＿＿ を通る直線。
(0, 0)

＼右上がり！／　＼右下がり！／

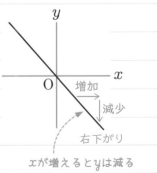

$a > 0$ のとき

y　右上がり
増加
増加
O　x
xが増えるとyも増える

$a < 0$ のとき

y
O　x
増加
減少
右下がり
xが増えるとyは減る

比例のグラフのかき方

Point! 原点とグラフが通るもう1点を直線で結ぶ。

🐱 $y=-2x$ のグラフを右の図にかいてみよう！

x	…	-2	-1	0	1	2	…
y	…	4	2	0	-2	-4	…

(0, 0)以外に,
<u>原点</u>
(2,　　　) も

通るので,

この2点を直線で

結ぶ。

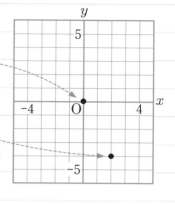

グラフから比例の式を求める

Point! グラフが通る原点以外の1点を見つける。

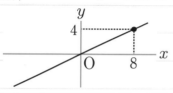

memo
$a=\dfrac{y}{x}$ で一定なので, $a=\dfrac{4}{8}$ を
計算しても OK！

比例の式を $y=ax$ とおく。

グラフは(8, 4)を通っているから, 比例の式に

$x=8$, $y=4$ を代入して, $4=a\times8$　$a=$

よって, グラフの式は,

aが分数に
なることもある

確認問題

(1) 右の図の点A, Bの座標を答えましょう。

A〔　　　　　〕, B〔　　　　　〕

(2) 右の図の2点A, Bを結ぶと比例のグラフになります。このグラフについて, y を x の式で表しましょう。

〔　　　　　　　　　〕

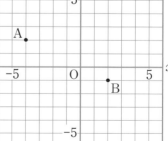

(3) 右の図に比例 $y=-3x$ のグラフをかきましょう。

4 反比例

反比例の関係

●反比例の式

y が x の関数で，x と y の関係が $y=\dfrac{a}{x}$ のような式で

表されるとき，y は x に ＿＿＿＿＿＿ という。

反比例の式 $y=\dfrac{a}{x}$ における a を ＿＿＿＿＿ という。

- - - - 0でない定数

比例定数
↓
$y=\dfrac{a}{x}$

Point!　反比例 $y=\dfrac{a}{x}$ では，積 xy は一定であり，　　$xy=a$

その値は比例定数 a に等しくなる。

●反比例の関係

反比例 $y=\dfrac{a}{x}$ では，変数が負の値をとる場合もある。$y=\dfrac{6}{x}$ について，

対応する x と y の値を表に表すと…

x	…	-4	-3	-2	-1	0	1	2	3	4	…
y	…				-6	×	6				…

反比例 $y=\dfrac{a}{x}$ では，比例定数が負の数の場合もある。

注　分数の分母は0にならないので，
反比例 $y=\dfrac{a}{x}$ では，
$x=0$ に対応する y の値は考えない。

$y=-\dfrac{6}{x}$ について，対応する x と y の値を表に表すと…

x	…	-4	-3	-2	-1	0	1	2	3	4	…
y	…				6	×	-6				…

Point!　反比例 $y=\dfrac{a}{x}$ では，x の値が2倍，3倍，4倍，……になると，

y の値は $\dfrac{1}{2}$ 倍，$\dfrac{1}{3}$ 倍，$\dfrac{1}{4}$ 倍，……になる。

反比例の式の求め方

● 1組の x と y の値がわかっている場合

🐱 x と y の値から反比例の式を求めてみよう！

> y は x に反比例し，$x=3$ のとき $y=-4$ である。

y は x に反比例するから，比例定数を a とすると，

_____

と表すことができる。

$x=3$ のとき $y=-4$ だから，　　　=

これを解くと，$a=$ _____　　$y=\dfrac{a}{x}$ に $x=3$，$y=-4$ を代入する

よって，求める式は，

_____

反比例の式も
x と y の値が
1組わかれば，
求められるね。

確認問題

(1) 下の表で，y は x に反比例しています。

x	…	−3	−2	−1	0	1	2	3	…
y	…	___	−9	___	×	18	___	6	…

① 表の空らんをうめましょう。

② 比例定数を求めましょう。　　　　　　　　　　　　　〔　　　　　　〕

③ y を x の式で表しましょう。

〔　　　　　　〕

(2) y は x に反比例し，$x=4$ のとき $y=-4$ です。
① y を x の式で表しましょう。

〔　　　　　　〕

② $x=-2$ のときの y の値を求めましょう。

〔　　　　　　〕

5 反比例のグラフ

反比例のグラフ

反比例 $y=\dfrac{a}{x}$ のグラフは，なめらかな 2 つの曲線になり，これを双曲線という。

このグラフは，x 軸，y 軸と重ならない。

$a > 0$ のとき

$a < 0$ のとき

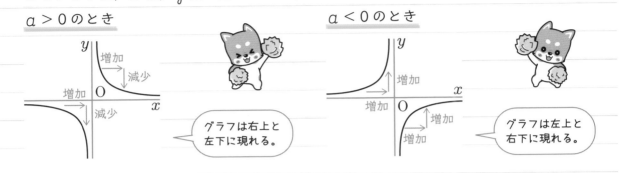

グラフは右上と左下に現れる。

グラフは左上と右下に現れる。

反比例のグラフのかき方

Point! できるだけ多くの点をとって，それらをなめらかな曲線で結ぶ。

x 座標も y 座標も整数となる点を見つけると，点をとりやすい。

🐕 $y = -\dfrac{8}{x}$ のグラフをかいてみよう！

x	…	-8	-4	-2	-1	0	1	2	4	8	…
y	…				8	$\times$	-8	-4			…

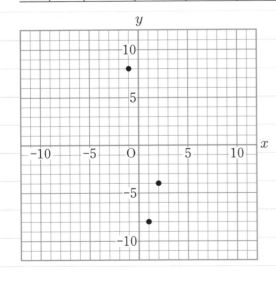

《よくない例》

なめらかでない　　座標軸と重なっている

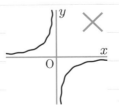
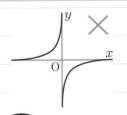

グラフから反比例の式を求める

Point! グラフが通る 1 点を見つける。

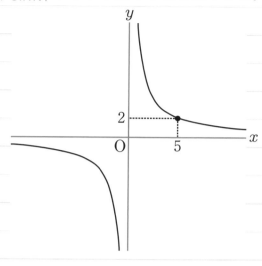

反比例の式を

_____ とおく。

グラフは (5, 2) を
通っているから，
反比例の式に
$x=5$, $y=2$ を代入して，

$$\underline{}=\frac{a}{5} \quad a=\underline{}$$

よって，グラフの式は，

_____

$xy=a$ を利用して
$a=5×2=10$ と求め
ることもできるよ！

確認問題

　右の図は，点 A を通る反比例のグラフです。

(1) 点 A の座標を答えましょう。

〔　　　　　　　〕

(2) このグラフについて，y を x の式で表しましょう。

〔　　　　　　　〕

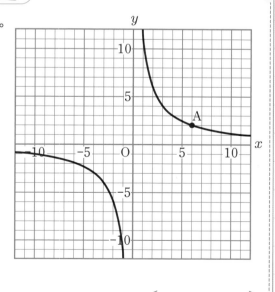

6 比例と反比例の利用

比例と反比例のまとめ

比例と反比例についてまとめると，次のようになる。

	x と y の関係を表す式	x の値が2倍，3倍，……になるときの y の値	比例定数	グラフ
比　例	＿＿＿＿	＿＿倍，＿＿倍，……になる	x と y の商 ＿＿＿	＿＿＿＿を通る直線
反比例	＿＿＿＿	＿＿倍，＿＿倍，……になる	x と y の積 ＿＿＿	＿＿＿＿とよばれる2つの曲線

比例と反比例のちがいはわかったかな？

比例の利用

重さ 250g 分の同じ種類のクリップがある。

30g 分の個数を数えると 75 個あった。

250g 分の個数を求めなさい。

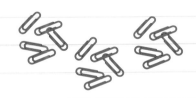

重さ xg のクリップの個数を y 個とする。y は x に比例するから，

比例定数を a とすると，＿＿＿＿＿＿と表すことができる。

30g 分のクリップの個数は 75 個だから，

$x=30$，$y=75$ を $y=ax$ に代入すると，

＿＿＿$=a×$＿＿＿　$a=$＿＿＿　よって，$y=$＿＿＿

クリップ 250g 分の個数を求めるので，

$y=2.5x$ の式に $x=$＿＿＿を代入して，$y=2.5×$＿＿＿$=$＿＿＿

したがって，クリップ 250g 分の個数は，＿＿＿個

全部数えなくても個数がわかるんだね！

ガソリン 1L で $x$km 走ることができる自動車が，
240km 離れた A 地点まで移動するのに必要な
ガソリンの量を yL とする。
1L で 15km 走ることができる自動車が，A 地点まで
移動するのに必要なガソリンの量を求めなさい。

ガソリン 1L で $x$km 走れるのだから，yL で，$(x×y)$km 走ることができ，

これが 240km と等しいから，$x×y=$ ＿＿＿＿＿

つまり，y は x に ＿＿＿＿＿ しており，比例定数は ＿＿＿＿ である。

よって，1L で 15km 走ることができる自動車が A 地点まで移動するのに

必要なガソリンの量は，$y=\dfrac{240}{15}=$ ＿＿＿＿ より，＿＿＿＿ L である。

確認問題

兄と妹は家を同時に出発して，兄は歩いて，
妹は走って，家からの道のりが 900m の公園に
向かいました。右の図は，2 人が出発してから
x 分後の家からの道のりを ym として，2 人が
進むようすをグラフに表したものです。

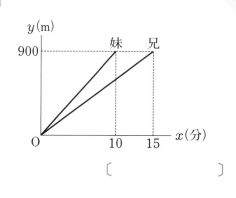

(1) 妹について，y を x の式で表しましょう。

〔　　　　　　　　　〕

(2) 兄について，y を x の式で表しましょう。

〔　　　　　　　　　〕

(3) 妹が公園に着いたとき，兄は公園まであと何 m の地点にいますか。

〔　　　　　　　　　〕

51

1 図形の移動①

平面上の直線

●直線と線分

・2点 A，B を通り，両方向に限りなくのびた
まっすぐな線を＿＿＿＿＿という。

・直線 AB のうち，点 A から点 B までの部分を
＿＿＿＿＿という。

・直線 AB のうち，点 A から点 B の方向にまっ
すぐに限りなくのびた部分を＿＿＿＿＿
という。

注 点 B から点 A の方向にのびる場合は，半直線 BA

・線分 AB の長さを，2点 A，B 間の＿＿＿＿＿
といい，AB と表す。また，2つの線分 AB
と CD の長さが等しいことを AB ＝＿＿＿と
書く。

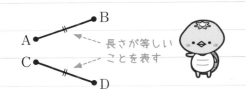

●2直線の関係

・2直線 AB，CD が垂直に交わるとき，
AB＿＿CD と表し，一方の直線を
他方の直線の＿＿＿＿＿という。

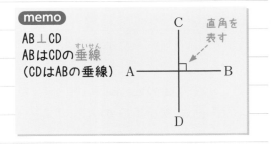

memo
AB⊥CD
AB は CD の垂線
（CD は AB の垂線）

・2つの線が交わる点を＿＿＿＿＿という。

・平面上の交わらない2直線は平行で
あり，2直線 AB，CD が平行である
とき，AB＿＿CD と表す。

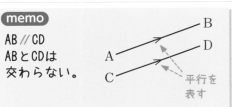

memo
AB∥CD
AB と CD は
交わらない。

平行移動

図形を，一定の方向に一定の距離(きょり)だけずらすこと

を ＿＿＿＿＿ という。

平行移動において，対応する２点を結ぶ線分は，

それぞれ ＿＿＿＿＿ で，長さが ＿＿＿＿＿＿。

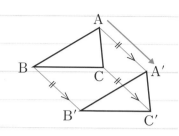

-- 三角形 ABC を △ABC と表す

右上の図で，△A′B′C′ は，△ABC を矢印の方向に矢印の長さだけ

平行移動したものである。このとき，AA′ // BB′ // CC′，AA′ ＝BB′ ＝CC′

対称(たいしょう)移動

図形を，ある直線 ℓ を折り目として折り返すこ

とを，直線 ℓ を軸とする ＿＿＿＿＿ といい，

直線 ℓ を ＿＿＿＿＿ という。

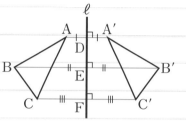

対称移動において，対応する２点を結ぶ線分は，

対称の軸によって， ＿＿＿＿＿ に２等分される。

右上の図で，△A′B′C′ は，△ABC を直線 ℓ を

軸として対称移動したものである。このとき，

AA′ ⊥ℓ，BB′ ⊥ℓ，CC′ ⊥ℓ，AD＝A′D，BE＝B′E，CF＝C′F

確認問題

(1) 右の図の△ABC を，矢印 PQ の
方向に線分 PQ の長さだけ平行移
動させた△A′B′C′ をかきましょ
う。

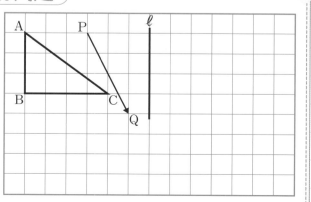

(2) 右の図の△ABC を，直線 ℓ を対
称の軸として対称移動させた
△A″B″C″ をかきましょう。

2 図形の移動②

回転移動

●角の表し方

・右の図のように，点Bからのびる2つの
半直線BA，BCによってできる角を
_____と表し，「角ABC」と読む。

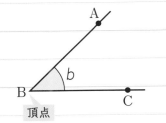

頂点

・_____を∠Bや∠bで表すこともある。

・∠ABCの大きさを∠ABCで表すことが
あり，∠ABCと∠DEFの大きさが等し
いことを∠ABC＝_____と書く。

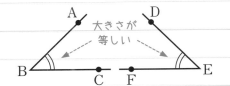

大きさが
等しい

角の表し方はわかったかな？

●回転移動

図形を，ある点Oを中心にして
一定の角度だけ回すことを
_____といい，このとき
の点Oを_____という。

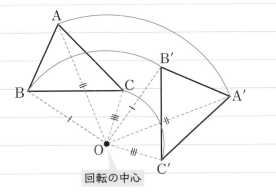

回転の中心

回転移動において，回転の中心
と対応する2点をそれぞれ結んで
できる角はすべて_____。
また，回転の中心は対応する2点から等しい_____にある。

右上の図で，△A'B'C'は，△ABCを，時計の針の回転と同じ方向に
90°回転移動したものである。このとき，

$OA=OA'$，$OB=OB'$，$OC=OC'$，　$\angle AOA'=\angle BOB'=\angle COC'=90°$

180°の回転移動を ＿＿＿＿＿＿ という。
点対称移動では，対応する 2 点を結ぶ

直線は ＿＿＿＿＿＿ を通る。

平行移動，対称移動，
回転移動の 3 つの移動
の性質を覚えよう！

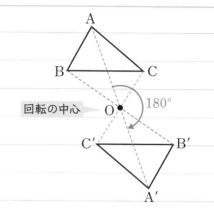

回転の中心

いろいろな図形の移動

🐾 平行移動・対称移動・回転移動について考えてみよう！

右の図の四角形 ABCD は長方形で，点 E，F，
G，H はそれぞれ長方形 ABCD の辺のまん中
の点で，図中の 8 つの三角形はすべて合同で
ある。

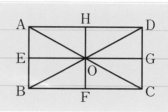

・△AEO を平行移動するとぴったりと重なる三角形は…

・△AEO を，HF を対称の軸として対称移動すると

　ぴったりと重なる三角形は…

・△AEO を，点 O を回転の中心として回転移動すると

　ぴったりと重なる三角形は…

- - - 180°回転するので点対称移動である

確認問題

右の図の△ABC を，点 O を
回転の中心として時計回りに
90°回転移動した△A´B´C´ を
かきましょう。

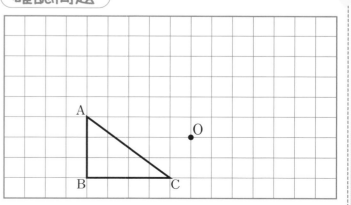

3 円とおうぎ形

動画 ▶ をみながら＿＿をうめよう！

円

●円の弧と弦

中心が O である円を，＿＿＿＿という。

円周上のどこに点をとっても，その点と

中心の距離は一定で，この一定の距離が

＿＿＿＿である。

円周上に 2 点 A，B があるとき，

円周の A から B までの部分を弧 AB といい，＿＿＿＿と表す。

A と B を結んだ線分を＿＿＿＿，円の中心 O と A，B を結んだ ∠AOB を

$\overset{\frown}{AB}$ に対する＿＿＿＿という。

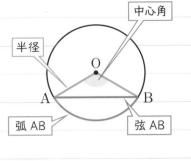

> **memo**
> 円の弦のうちもっとも長いものが，直径である。

●円の接線

右の図のように，円 O と直線 ℓ が点 C を共有

するとき，直線 ℓ は円に接するといい，

直線 ℓ を＿＿＿＿，点 C を＿＿＿＿という。

Point! 円の接線は，接点を通る半径に垂直である。

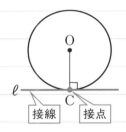

おうぎ形の弧の長さと面積

1 つの円からできるおうぎ形の弧の長さと面積は，

それぞれ中心角の大きさに比例する。

Point! 半径が r，中心角が $a°$ のおうぎ形の

弧の長さを ℓ，面積を S とすると，

弧の長さ… $\ell = 2\pi r \times \dfrac{a}{360}$

面積……… $S = \pi r^2 \times \dfrac{a}{360}$

注 π は円周率を表している。

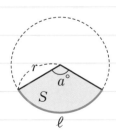

🐱 おうぎ形の弧の長さを求めてみよう！

半径 4cm，中心角 90°のおうぎ形の弧の長さ ℓ

おうぎ形の弧の長さの公式 $\ell = 2\pi r \times \dfrac{a}{360}$ に

$r = 4$，$a = 90$ を代入すると，

$\ell = 2\pi \times \underline{} \times \dfrac{90}{360} = \underline{}$ （cm）

🐱 おうぎ形の面積を求めてみよう！

半径 3cm，中心角 120°のおうぎ形の面積 S

おうぎ形の面積の公式 $S = \pi r^2 \times \dfrac{a}{360}$ に

$r = 3$，$a = 120$ を代入すると，

$S = \pi \times \underline{} \times \dfrac{120}{360} = \underline{}$ （cm²）

> おうぎ形の弧の
> 長さと面積の公
> 式をしっかり
> 覚えておこう！

確認問題

次のおうぎ形の弧の長さと面積をそれぞれ求めましょう。

(1) 半径 2cm，中心角 180°

弧の長さ〔　　　　　　　〕

面積〔　　　　　　　〕

(2) 半径 12cm，中心角 60°

弧の長さ〔　　　　　　　〕

面積〔　　　　　　　〕

(3) 直径 16cm，中心角 45°

弧の長さ〔　　　　　　　〕

面積〔　　　　　　　〕

4 作図①

作図の基本

定規とコンパスだけを使って図をかくことを

＿＿＿＿　という。

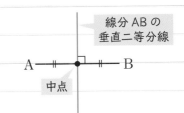

垂直二等分線の作図

線分 AB 上の点で，2 点 A，B から等しい

距離にある点を線分 AB の　　　　　　という。

線分 AB の中点を通り，線分 AB に垂直な

直線を線分 AB の　　　　　　　　　　という。

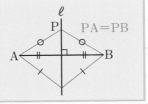

線分 AB の
垂直二等分線

中点

> **memo**
> 線分 AB の垂直二等分線 ℓ 上の点は，2 点 A，B から
> 等しい距離にある。また，2 点 A，B からの距離が
> 等しい点は，線分 AB の垂直二等分線上にある。

PA＝PB

🐕 線分 AB の垂直二等分線を作図してみよう！

① 点 A を中心とする適当な半径の円をかく。

② 点 B を中心として，①と同じ半径の円をかき，

2 つの円の交点を P，Q とする。

③ 直線 PQ をひく。 ----- 2 つの線が交わる点

作図のしかたを見て，足りない
ところをかき入れよう！

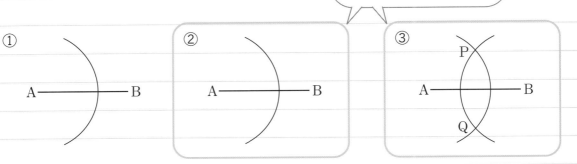

角の二等分線の作図

1つの角を2等分する半直線を、

その角の ＿＿＿＿＿ という。

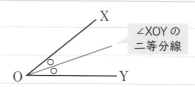

∠XOY の
二等分線

> **memo**
> ∠XOY の二等分線 ℓ 上の点は、半直線 OX, OY から
> 等しい距離にある。また、∠XOY の半直線 OX, OY
> との距離が等しい点は、∠XOY の二等分線上にある。

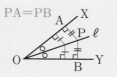

PA＝PB

∠XOY の二等分線を作図してみよう！

① 点 O を中心とする適当な半径の円をかき、

　　半直線 OX, OY との交点をそれぞれ P, Q とする。

② 2点 P, Q をそれぞれ中心として、同じ半径の円をかき、

　　2つの円の交点の1つを R とする。

③ 半直線 OR をひく。

> 作図のしかたを見て、足りない
> ところをかき入れよう！

①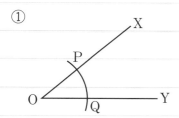

②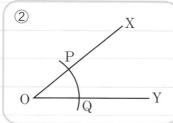

③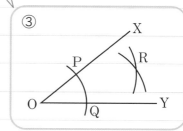

確認問題

(1) 線分 AB の垂直二等分線を
　　作図しましょう。

A————————B

(2) ∠XOY の二等分線を作図
　　しましょう。

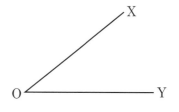

5 作図②

垂線の作図

2直線が垂直に交わるとき,

一方の直線を他方の直線の垂線という。

🐱 直線 ℓ 上にない点 P を通る垂線を作図してみよう！

作図のしかた 《1》

① 点 P を中心とする適当な半径の円をかき, 直線 ℓ との交点を A, B とする。

② 2点 A, B をそれぞれ中心として, 同じ半径の円をかき, 2つの円の交点の

　 1つを Q とする。

③ 直線 PQ をひく。

> 作図のしかたを見て, 足りないところをかき入れよう！

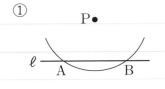
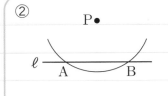
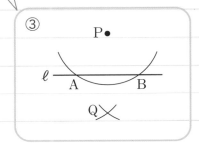

作図のしかた 《2》

① 直線 ℓ 上に適当な点 A をとり, 点 A を中心とする半径 AP の円をかく。

② 直線 ℓ 上に適当な点 B をとり, 点 B を中心とする半径 BP の円をかく。

　 2つの円の交点のうち, P でない点を Q とする。

③ 直線 PQ をひく。

> 作図のしかたを見て, 足りないところをかき入れよう！

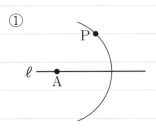
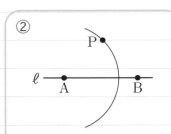
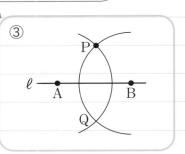

memo

直線上にある点Pを通る垂線は，180°の角の
二等分線であると考えると，右の図のように
作図できる。

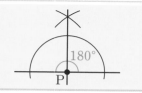

円の接線の作図

Point! 円の接線は，接点を通る半径に垂直だから，
垂線の作図を利用できる。

🐾 点Pを接点とする円Oの接線を作図してみよう！

① 半直線 OP をひく。

② 点Pを中心とする適当な半径の円をかき，
半直線 OP との交点を A，B とする。

③ 2点 A，B をそれぞれ中心として，同じ半径の
円をかき，2つの円の交点の1つを Q とする。

④ 直線 PQ をひく。

> 作図のしかたを見て，足りない
> ところをかき入れよう！

①
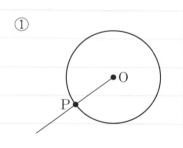

②
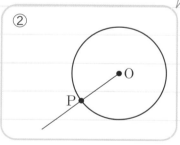

③④
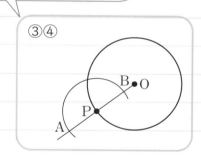

確認問題

(1) 点Pを通る直線 ℓ の垂線を作図
しましょう。

(2) 点Aを接点とする円Oの接線を
作図しましょう。

1 いろいろな立体

動画 ▶ をみながら ＿＿をうめよう！

立体の名前と形の特徴

いろいろな立体の特徴について整理してみよう。

平面だけで囲まれた立体

立体	底面の形 ※底面の数と形で 立体の名前が決まる	側面の形	多面体か どうか
角柱 三角柱　四角柱	合同な＿＿つの 多角形 ［底面］　［立体］ 三角形 ⇔ 三角柱 四角形 ⇔ 四角柱　など	長方形	○
円柱	合同な＿＿つの円	曲がった面	＿＿
角錐 三角錐　四角錐	＿＿つの多角形 ［底面］　［立体］ 三角形 ⇔ 三角錐 四角形 ⇔ 四角錐　など	＿＿	＿＿
円錐	＿＿つの円	＿＿	＿＿

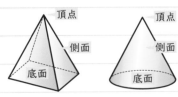

頂点　側面　底面　　頂点　側面　底面

上がとがった立体にも，底面や側面があるんだね。

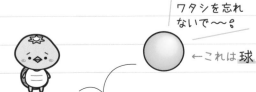

ワタシを忘れないで〜。

←これは球

memo

底面が正三角形，正方形，……で，側面がすべて合同な二等辺三角形である角錐をそれぞれ，正三角錐，正四角錐，……という。

正多面体

すべての面が合同な正多角形で，どの頂点にも同じ数の面が集まる，

へこみのない多面体を[ ]という。

正多面体は，次の5種類しかないことがわかっている。

	正四面体	正六面体 （立方体）	正八面体	正十二面体	正二十面体

展開図					
面の形	正三角形		正三角形	正五角形	
1つの頂点に集まる面の数	3	3			

確認問題

(1) 下のア〜エの立体について，次の問いに答えましょう。

ア	イ	ウ	エ

① それぞれの立体の名前を書きましょう。

ア〔　　　　〕イ〔　　　　〕ウ〔　　　　〕エ〔　　　　〕

② ア〜エの立体のうち，多面体をすべて選び，記号で答えましょう。

〔　　　　〕

(2) 正十二面体の面の形を答えましょう。

〔　　　　〕

2 空間内の平面と直線

平面の決定

同じ直線上にない 3 点をふくむ平面は

ただ 1 つある。

また，次のような場合にも，

平面はただ 1 つに決まる。

▼ 交わる ＿＿＿＿ 直線をふくむ平面　　　▼ ＿＿＿＿ 2 直線をふくむ平面

2 直線の位置関係

空間にある 2 直線で，同じ平面上にある 2 直線の位置関係は，

交わるか ＿＿＿＿ である。

同じ平面上になく，交わらない 2 直線の

位置関係を ＿＿＿＿＿＿＿＿ にあるという。

ねじれ…

Point! 空間内の 2 直線の位置関係は次の 3 つである。

同じ平面上にある　　　　　　　　同じ平面上にない

①交わる　　　②平行である　　　③ねじれの位置

交わらない

直線と平面の位置関係

Point! 空間内の直線と平面の位置関係は次の 3 つである。

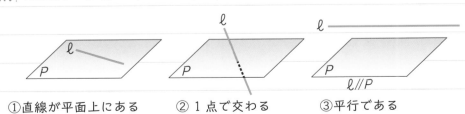

①直線が平面上にある　　② 1 点で交わる　　③平行である

直線 ℓ と平面 P が平行であるとき，ℓ ＿＿ P と表す。

直線 ℓ が平面 P と交わり，その交点を通る P 上の
すべての直線と垂直であるとき，ℓ と P は
　　　　　であるといい，ℓ　　P と表す。

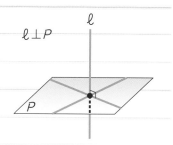

$\ell \perp P$

2 平面の位置関係

Point! 空間内の 2 平面の位置関係は次の 2 つである。

交線

①交わる　　　　　　　　②平行である

・2 平面 P，Q が平行であるとき，P　　Q と表す。

・2 平面が交わるとき，それらの交わりは直線になり，
　この直線を　　　　　　という。

・2 平面 P と Q が交わっていて，平面 P と Q のなす角
　が $90°$ のとき，平面 P と Q は　　　　　　であるといい，
　P　　Q と表す。

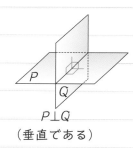

$P \perp Q$
（垂直である）

確認問題

　右の図の直方体 ABCD–EFGH について，次の問いに
答えましょう。

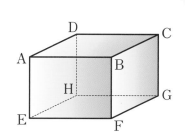

(1)　辺 AE とねじれの位置にある辺をすべて答えましょ
う。

〔　　　　　　　　　　　　　　　　　〕

(2)　辺 AB に平行な面をすべて答えましょう。

〔　　　　　　　　　　　〕

(3)　面 AEFB に垂直な面をすべて答えましょう。

〔　　　　　　　　　　　〕

3 回転体

動画 をみながら をうめよう！

面や線が動いてできる立体

角柱や円柱は，底面がそれと
＿＿＿＿＿＿な方向に動いてできた
立体と見ることができる。

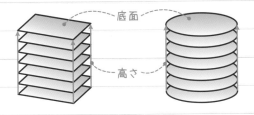
底面 / 高さ

になる　　　　になる

> **memo**
> このとき底面が動いた距離（きょり）が
> 立体の高さである。

● 線が動いてできる立体

線が動いたあとには＿＿＿＿＿＿ができる。
右の図のように，線分 AB が
円をふくむ平面に＿＿＿＿であ
るとき，線分 AB が円周にそっ
てひとまわりしてできる図形
は円柱の＿＿＿＿である。

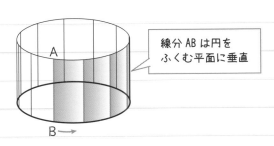
線分 AB は円を
ふくむ平面に垂直

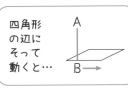
四角形の辺にそって動くと…

四角柱の側面ができるね！

● 回転体

右の円柱のように，直線 ℓ を軸
として，図形を１回転させて
できる立体を＿＿＿＿＿といい，
直線 ℓ を＿＿＿＿＿という。
このとき，円柱の側面をえがく
線分を，円柱の＿＿＿＿という。

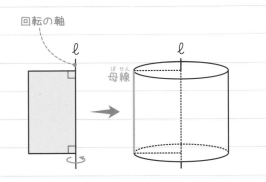
回転の軸　ℓ　　ℓ
母線（ぼせん）

> **Point!** 回転体を，回転の軸をふくむ平面で切るとき，切り口は，
> 回転の軸が対称の軸である＿＿＿＿＿な図形になる。
>
> 切り口の図形を，回転の軸を折り目にして折ったとき，折り目の両側がぴったり重なる

●いろいろな回転体

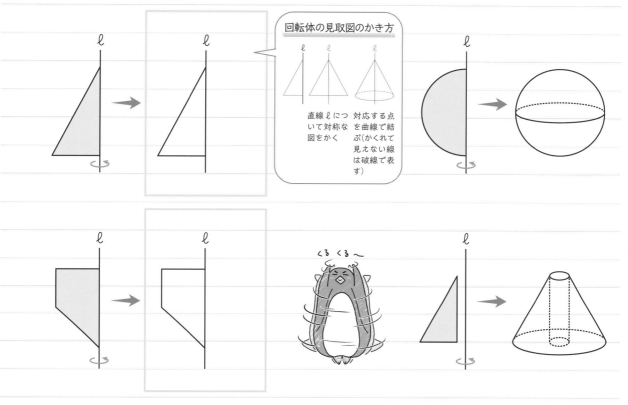

回転体の見取図のかき方

直線 ℓ について対称な図をかく

対応する点を曲線で結ぶ(かくれて見えない線は破線で表す)

くる くる〜

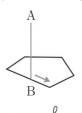

確認問題

(1) 次の図形を，その図形に垂直な方向に動かしてできる立体の名前を答えましょう。

　① 六角形　　　　　　　　　　　　② 円

　〔　　　　　　　〕　　　　　　　　　　　　　　〔　　　　　　　〕

(2) 右の図で，線分 AB は五角形をふくむ平面に垂直です。線分 AB が五角形の辺にそってひとまわりしたときにできる図形はどんな立体の側面ですか。

　　　　　　　　　　　　　　　　　　〔　　　　　　　〕

(3) 右の図形を，直線 ℓ を軸として 1 回転させてできる立体の名前を答えましょう。

　　　　　　　　　　　　　　　　　　〔　　　　　　　〕

4 投影図

投影図

立体を，正面から見た図と
真上から見た図で表すこと
がある。

三角柱の投影図

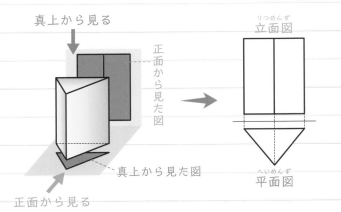

正面から見た図を　　　　　　　，
真上から見た図を　　　　　　　，
これらをあわせて　　　　　　　　　
という。

Point! 投影図では，実際に見える線を実線 ——— で，
うしろにかくれて見えない線を破線 ------- でかく。
たとえば，上の三角柱を逆の方向から
見た場合，投影図は右のようになる。

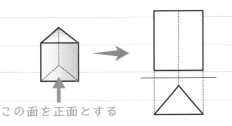

この面を正面とする

投影図は，立面図と平面図だけでは
わからないときがあり，その場合は，
側面から見た図を加えることもある。

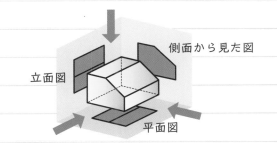

側面から見た図

立面図

平面図

ぺか〜

立面図と平面図だけ
だと，こんな立体も
考えられるね。

いろいろな投影図

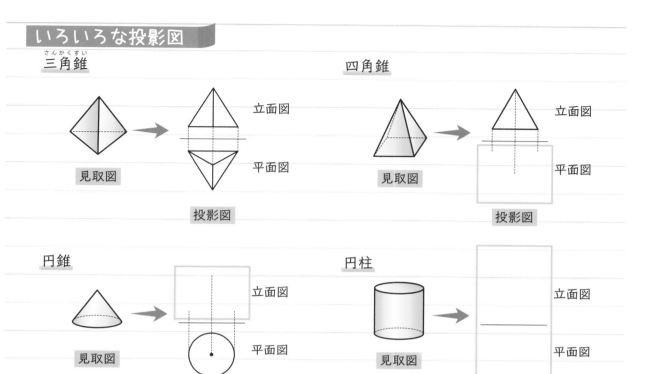

三角錐　四角錐　円錐　円柱

見取図　投影図　立面図　平面図

確認問題

(1) 次の投影図は，三角柱，四角柱，円錐のうち，どの立体を表していますか。それぞれ名前を答えましょう。

①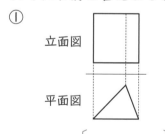
立面図
平面図
〔　　　　　〕

②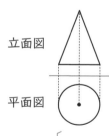
立面図
平面図
〔　　　　　〕

③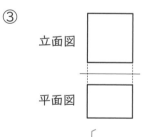
立面図
平面図
〔　　　　　〕

(2) 次の立体の投影図の足りない部分をかき入れ，図を完成させましょう。

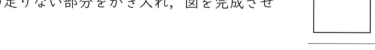

5 立体の表面積と体積①

動画　をみながら　をうめよう！

立体の表面積

立体のすべての面の面積の和を ＿＿＿＿＿＿ といい，

すべての側面の面積の和を ＿＿＿＿＿＿ という。

1つの底面の面積を ＿＿＿＿＿ という。

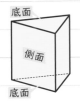

角柱・円柱の表面積

Point! （角柱・円柱の表面積）＝（底面積）× 2 ＋（側面積）

円柱の展開図において，

側面の長方形の横の長さは，

底面の ＿＿＿＿＿ の長さに ＿＿＿＿＿＿＿。

memo

角柱・円柱の展開図

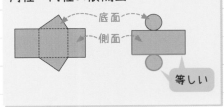

等しい

底面が2つあるよ。
底面積を2倍するの
を忘れないでね！

🐕 円柱の表面積を求めてみよう！

底面の半径が3cm，高さが5cm の円柱の表面積

$(\underline{} \times 3^2) \times 2 + 5 \times (\underline{} \times 3)$
　　　底面積　　　　　　側面積

$= \underline{} \times 2 + 5 \times \underline{}$

$= 18\pi + \underline{}$

$= \underline{}$ （cm²）

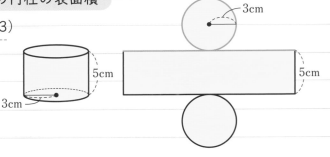

角錐・円錐の表面積

Point! （角錐・円錐の表面積）＝（底面積）＋（側面積）

円錐の展開図において，

側面のおうぎ形の弧の長さは，

底面の ＿＿＿＿＿ の長さに ＿＿＿＿＿＿＿。

memo

角錐・円錐の展開図

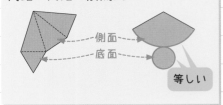

等しい

角錐や円錐の
底面は1つだね。

🐾 円錐の表面積を求めてみよう！

底面の半径が 2cm，母線の長さが 6cm の円錐の表面積

側面のおうぎ形の中心角を

$x°$ とすると，おうぎ形の

弧の長さと底面の円周の

長さが等しいことより，

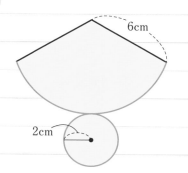

$$2\pi \times \underline{} \times \frac{x}{360} = 2\pi \times \underline{}$$

おうぎ形の弧の長さ　　底面の円周の長さ

これを解くと，$x = 120$ だから，

円錐の側面積は，$\pi \times 6^2 \times \dfrac{120}{360} = 12\pi$ ← おうぎ形の面積は中心角の大きさに比例する

よって，表面積は，$\underline{} + \underline{} = 16\pi$（cm²）

　　　　　　　　　　　底面積　　　側面積

計算をまちがえ
ないように…

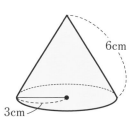

確認問題

(1) 右の円柱について，次の面積を求めましょう。

① 側面積

〔　　　　　　〕

② 表面積

〔　　　　　　〕

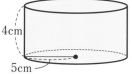

(2) 右の円錐について，次の面積を求めましょう。

① 側面積

〔　　　　　　〕

② 表面積

〔　　　　　　〕

6 立体の表面積と体積②

動画 をみながら
をうめよう!

角柱・円柱の体積

Point! 底面積が S，高さが h の

角柱や円柱の体積を V とすると，

$V=Sh$

と表すことができる。

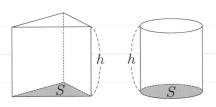

memo

底面の半径が r，高さが h の円柱の体積を V とすると，$V=\pi r^2 h$ と表すことができる。

🐱 円柱の体積を求めてみよう！

底面の半径が 3cm，高さが 5cm の円柱の体積

$(\times 3^2)\times 5$

底面積　　高さ

$=\underline{}\times 5$

$=\underline{}$ (cm^3)

角柱や円柱は，底面が垂直方向に平行に動いたと考えられるんだったね。

角錐・円錐の体積

Point! 底面積が S，高さが h の

角錐や円錐の体積を V とすると，

$V=\dfrac{1}{3}Sh$

と表すことができる。

memo

底面の半径が r，高さが h の円錐の体積を V とすると，$V=\dfrac{1}{3}\pi r^2 h$ と表すことができる。

🐱 円錐の体積を求めてみよう！

　底面の半径が4cm，高さが6cmの円錐の体積

$$\frac{1}{3} \times \underset{底面積}{\underline{}} \times 4^2 \times 6 \quad \underset{高さ}{}$$

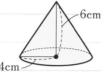

$$= \frac{1}{3} \times \underline{} \times 6$$

$$= \underline{} \ (cm^3)$$

いろいろな
立体の体積を
求めてみよう！

球の表面積と体積

Point!　半径が r の球の表面積を S，

　　　　体積を V とすると，

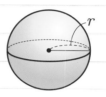

$$S = 4\pi r^2 \qquad V = \frac{4}{3}\pi r^3$$

と表すことができる。

公式をしっかり
覚えておこう！

確認問題

(1)　次の立体の体積を求めましょう。

　①　底面の半径が4cmで，高さが3cmの円柱

〔　　　　　　　〕

　②　底面が1辺6cmの正方形で，高さが5cmの正四角錐

〔　　　　　　　〕

　③　底面の半径が3cmで，高さが7cmの円錐

〔　　　　　　　〕

(2)　半径が5cmの球の表面積と体積を求めましょう。

表面積〔　　　　　　　〕

体積〔　　　　　　　〕

1 データの分布を表す表

動画をみながらをうめよう!

代表値

データの散らばりのようすを　　　　　という。

データの分布の特徴を表す数値を，データの　　　　　といい，

・　　　　　…$\dfrac{（データの値の合計）}{（データの個数）}$

・　　　　　…データの値を大きさの順に並べたときの中央の値

・　　　　　…データの値の中で，もっとも多く現れる値

がよく用いられる。

データの範囲

データの散らばりの程度は，　　　　　で表すことができる。

（範囲）＝（最大の値）－（最小の値）

🐱 範囲を求めてみよう！

右のデータは，あるクラスの生徒20人の数学の
テストの得点を，値の順に並べたものである。
得点の範囲を求めましょう。

35	40	50	55	55
60	65	65	70	70
70	70	75	75	80
80	90	95	95	95

（単位は点）

データの最大の値は　　　点，最小の値は　　　点。

（範囲）＝（最大の値）－（最小の値）だから，

95－　　　＝　　　（点）

数学

度数分布表

右の表は，上の数学のテストの得点を，

20点ずつに区切り，それぞれの区間に

入るデータの個数をまとめたものである。

このようにデータの分布のようすを示し

た表を　　　　　という。

階級（点）	度数（人）
20 以上～40 未満	1
40　　～60	4
60　　～80	9
80　　～100	6
計	20

度数分布表では，次のようにいう。

- ＿＿＿＿＿………データを整理するための区間
- ＿＿＿＿＿…区間の幅（はば）

  [a 以上 b 未満の階級では $b-a$]
- ＿＿＿＿＿……各階級のまん中の値

  [a 以上 b 未満の階級では $(a+b)\div2$]
- ＿＿＿＿＿………各階級にふくまれるデータの個数

🐕 度数分布表について調べてみよう！

前ページの度数分布表では，20 点ずつに区切った区間を＿＿＿＿＿といい，

階級の幅は，40－＿＿＿＝＿＿＿（点），

40 点以上 60 点未満の階級の階級値は，（＿＿＿＋＿＿＿）÷2＝＿＿＿（点）である。

また，20 点以上 40 点未満の階級の度数は，＿＿＿人である。

確認問題

右のデータは，あるクラスの生徒 30 人の通学時間を，値の順に並べたものです。このデータを右下の度数分布表にまとめます。

5	8	9	9	10	10
11	12	12	14	15	15
15	17	18	18	19	20
20	21	23	25	25	27
30	31	31	35	38	39

（単位は分）

(1)　階級の幅を求めましょう。

〔　　　　　〕

(2)　20 分のデータが入る階級の階級値を答えましょう。

〔　　　　　〕

(3)　右の度数分布表を完成させましょう。

階級（分）	度数（人）
0 以上 ～ 10 未満	4
10　　～ 20	＿＿＿
20　　～ 30	＿＿＿
30　　～ 40	＿＿＿
計	30

75

2 データの分布を表すグラフ

動画 ▶
をみながら
　　をうめよう！

ヒストグラムと度数折れ線

●ヒストグラム

> 階級の幅を横，度数を縦とする長方形を並べたグラフ

度数分布表を柱状グラフで表したものを ＿＿＿＿＿＿＿＿＿ という。

例 左下の度数分布表は，あるクラスの生徒30人の50m走の記録をまとめたもの
で，この表をもとにヒストグラムをかくと，右下のグラフのようになる。

50m走の記録の度数分布表

階級（秒）	度数（人）
7.0 以上～ 7.5 未満	1
7.5 ～ 8.0	4
8.0 ～ 8.5	12
8.5 ～ 9.0	6
9.0 ～ 9.5	4
9.5 ～10.0	3
計	30

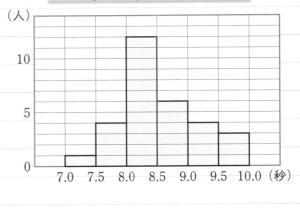

50m走の記録のヒストグラム

●度数折れ線

ヒストグラムの各長方形の上の辺の中点を結んでできる折れ線グラフを，

＿＿＿＿＿＿＿＿ という。

> 度数分布多角形ともいう

左のヒストグラムを見て，
度数折れ線を完成させよう！

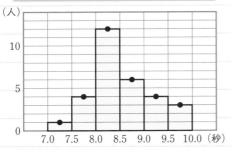

50m走の記録のヒストグラム

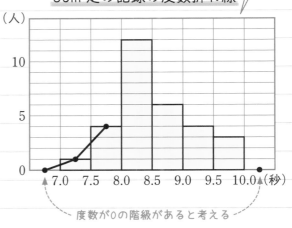

50m走の記録の度数折れ線

度数が0の階級があると考える

データの比較

度数の合計が異なるデータどうしを比べるときは、＿＿＿＿＿＿＿＿ を用いるとよい。

$$（相対度数）＝\frac{（その階級の度数）}{（度数の合計）}$$

🐾 相対度数を求めてみよう！

> 前ページの 50m 走の記録で、8.0 秒以上 8.5 秒未満の階級の相対度数

8.0 秒以上 8.5 秒未満の階級の度数は、＿＿＿＿＿ 人

度数の合計は、＿＿＿＿＿ 人だから、求める相対度数は、＿＿＿＿＿ ＝

ふつう小数を使って表す

確認問題

(1)　左下の度数分布表は、あるクラスの生徒 20 人が 1 年間で読んだ小説の冊数をまとめたものです。この表をもとに、ヒストグラムと度数折れ線をかきましょう。

階級（冊）	度数（人）
0 以上 〜　4 未満	2
4　　〜　8	5
8　　〜 12	8
12　　〜 16	4
16　　〜 20	1
計	20

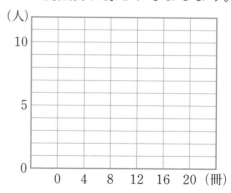

(2)　右の表は、A 組と B 組の生徒の通学距離をまとめたものです。表のア〜エにあてはまる数を求めましょう。

階級（km）	A 組		B 組	
	度数（人）	相対度数	度数（人）	相対度数
0 以上〜1 未満	10	ア	7	エ
1　　〜2	16	0.40	14	0.40
2　　〜3	8	イ	14	0.40
3　　〜4	6	0.15	0	0.00
計	40	1.00	ウ	1.00

ア〔　　　　　　　〕 イ〔　　　　　　　〕 ウ〔　　　　　　　〕 エ〔　　　　　　　〕

3 累積度数と確率

累積度数と累積相対度数

●累積度数

度数分布表において，各階級以下または以上の度数を
たし合わせたものを　　　　　　　　といい，累積度数を
表にまとめたものを　　　　　　　　　　という。

度数を順
にたして
いくよ！

例　左下の累積度数分布表は，あるクラスの生徒20人が，
　　先月の1か月間に学校の図書室を利用した回数の記録である。
　　この累積度数分布表をヒストグラムの形に表すと，右下の図のようになる。
　　累積度数を折れ線グラフで表すときは，
　　右下の図のように，ヒストグラムの
　　各長方形の右上の頂点を結ぶ。

左の累積度数分布表を見て，
ヒストグラムと折れ線グラフを
完成させよう！

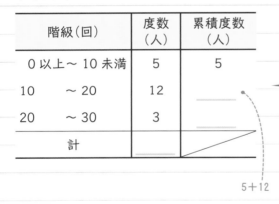

階級（回）	度数（人）	累積度数（人）
0 以上 ～ 10 未満	5	5
10　　～ 20	12	
20　　～ 30	3	
計		

5+12

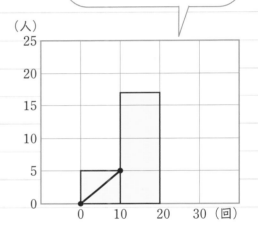

●累積相対度数

度数の合計に対する各階級の累積度数の割合を　　　　　　　　　　という。
上の図書室を利用した回数のデータについて，
累積相対度数を求めて表にまとめると，下のようになる。

累積相対度数を
求めてみよう。

階級（回）	度数（人）	累積度数（人）	累積相対度数
0 以上 ～ 10 未満	5	5	
10　　～ 20	12	17	
20　　～ 30	3	20	1.00
計	20		

確率

あることがらの起こりやすさの程度を表す数を，

そのことがらの起こる ＿＿＿＿＿ という。

何度も実験をくり返すなど，データの個数がとて

も多いときの相対度数を利用して，確率を考える場合がある。

コインを投げると，表と裏どっちが出やすいかな？

例 下の表は，コインを投げる実験をして，表が出た回数をまとめたものである。

投げた回数	100	300	500	1000	2000
表が出た回数	57	147	254	505	1003

・300回投げたときの表が出た割合は…

   147÷＿＿＿＿＿＝

・このコインの表が出る割合は，ある値に近づいていく。

   この値を，小数第2位を四捨五入して求めると…

   1003÷＿＿＿＿＿＝0.5015 →＿＿＿＿＿

確認問題

右の表は，あるクラスの生徒20人の握力を調べ，度数分布表にまとめたものです。

(1) 累積度数を調べ，累積度数分布表を完成させましょう。

(2) 握力が40kg未満の人は何人いますか。

〔　　　　　　〕

(3) 20kg以上30kg未満の階級の累積相対度数を求めましょう。

〔　　　　　　〕

階級(kg)	度数(人)	累積度数(人)
10以上 ～ 20未満	1	＿＿＿
20　　～ 30	6	＿＿＿
30　　～ 40	10	＿＿＿
40　　～ 50	2	＿＿＿
50　　～ 60	1	＿＿＿
計	20	

初版
第1刷 2023年6月1日 発行

●編 者
　数研出版編集部
●カバー・表紙デザイン
　株式会社クラップス

発行者　星野　泰也

ISBN978-4-410-15553-6

とにかく基礎 定期テスト準備ノート 中1数学

発行所　**数研出版株式会社**

本書の一部または全部を許可なく
複写・複製することおよび本書の
解説・解答書を無断で作成するこ
とを禁じます。

〒101-0052 東京都千代田区神田小川町2丁目3番地3
　　　　　〔振替〕00140-4-118431
〒604-0861 京都市中京区烏丸通竹屋町上る大倉町205番地
〔電話〕代表 (075)231-0161
ホームページ　https://www.chart.co.jp
印刷　創栄図書印刷株式会社
　　　乱丁本・落丁本はお取り替えいたします　230401

とにかく基礎
定期テスト
準備ノート

中1数学

解答編

1 正の数と負の数① ·· 4・5ページの解答

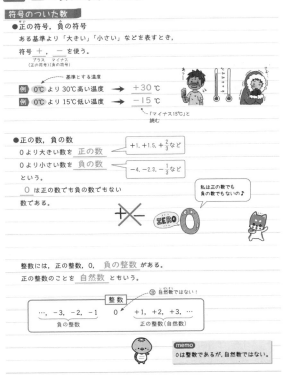

符号のついた数

●正の符号，負の符号

ある基準より「大きい」「小さい」などを表すとき，

符号 ＋，－ を使う。
（正の符号）（負の符号）

例 0℃より30℃高い温度 → ＋30℃

例 0℃より15℃低い温度 → －15℃

「マイナス15℃」と読む

●正の数，負の数

0より大きい数を 正の数 　＋1, ＋1.5, ＋$\frac{2}{3}$ など

0より小さい数を 負の数 　－4, －2.3, －$\frac{1}{3}$ など

という。

0 は正の数でも負の数でもない

数である。

私は正の数でも負の数でもないの♪

整数には，正の整数，0，負の整数 がある。

正の整数のことを 自然数 ともいう。

自然数ではない！

整数

···, －3, －2, －1　0　＋1, ＋2, ＋3, ···
（負の整数）　　　　（正の整数（自然数））

memo
0は整数であるが，自然数ではない。

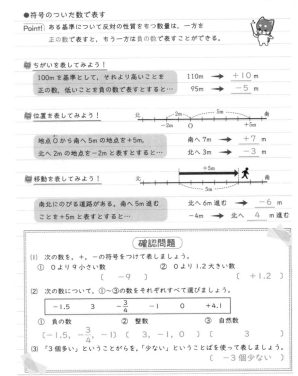

●符号のついた数で表す

Point! ある基準について反対の性質をもつ数量は，一方を

正の数で表すと，もう一方は 負の数 で表すことができる。

ちがいを表してみよう！

100mを基準として，それより高いことを 　110m → ＋10 m

正の数，低いことを負の数で表すとすると…　95m → －5 m

位置を表してみよう！

地点Oから南へ5mの地点を＋5m，　　　南へ7m → ＋7 m

北へ2mの地点を－2mと表すとすると… 北へ3m → －3 m

移動を表してみよう！

南北にのびる道路がある。南へ5m進む 　北へ6m進む → －6 m

ことを＋5mと表すとすると…　　　　　 －4m → 北へ 4 m進む

確認問題

(1) 次の数を，＋，－の符号をつけて表しましょう。

　① 0より9小さい数 〔 －9 〕　　② 0より1.2大きい数 〔 ＋1.2 〕

(2) 次の数について，①～③の数をそれぞれすべて選びましょう。

　　　 －1.5　　3　　－$\frac{3}{4}$　　－1　　0　　＋4.1

　① 負の数　　　　　② 整数　　　　　③ 自然数

〔 －1.5, －$\frac{3}{4}$, －1 〕〔 3, －1, 0 〕〔 3 〕

(3) 「3個多い」ということがらを，「少ない」ということばを使って表しましょう。

〔 －3個少ない 〕

---

2 正の数と負の数② ·· 6・7ページの解答

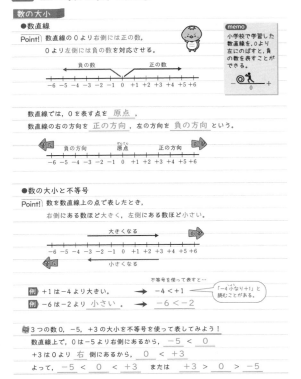

数の大小

●数直線

Point! 数直線の0より右側には正の数，

0より左側には負の数を対応させる。

memo
小学校で学習した数直線を，0より左にのばすと，負の数を表すことができる。

負の数　　　　正の数

－6 －5 －4 －3 －2 －1 0 ＋1 ＋2 ＋3 ＋4 ＋5 ＋6

数直線では，0を表す点を 原点 ，

数直線の右の方向を 正の方向 ，左の方向を 負の方向 という。

負の方向　　原点　　正の方向

－6 －5 －4 －3 －2 －1 0 ＋1 ＋2 ＋3 ＋4 ＋5 ＋6

●数の大小と不等号

Point! 数を数直線上の点で表したとき，

右側にある数ほど大きく，左側にある数ほど小さい。

大きくなる

－6 －5 －4 －3 －2 －1 0 ＋1 ＋2 ＋3 ＋4 ＋5 ＋6

小さくなる

不等号を使って表すと…

例 ＋1は－4より大きい。 → －4 ＜ ＋1

「－4小なり＋1」と読むことがある。

例 －6は－2より 小さい 。 → －6 ＜ －2

3つの数0，－5，＋3の大小を不等号を使って表してみよう！

数直線上で，0は－5より右側にあるから，－5 ＜ 0

＋3は0より 右 側にあるから，0 ＜ ＋3

よって，－5 ＜ 0 ＜ ＋3 または ＋3 ＞ 0 ＞ －5

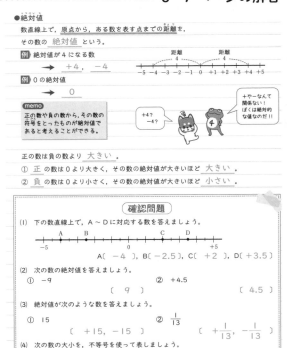

●絶対値

数直線上で，原点から，ある数を表す点までの距離を，

その数の 絶対値 という。

例 絶対値が4になる数

→ ＋4 ， －4

距離　　　距離
4　　　　4

－5 －4 －3 －2 －1 0 ＋1 ＋2 ＋3 ＋4 ＋5

例 0の絶対値

→ 0

memo
正の数や負の数から，その数の符号をとったものが絶対値であると考えることができる。

＋4？
－4？

＋やーなんて関係ない！ぼくは絶対的な数なのだ！！
4

正の数は負の数より 大きい 。

① 正 の数は0より大きく，その数の絶対値が大きいほど 大きい 。

② 負 の数は0より小さく，その数の絶対値が大きいほど 小さい 。

確認問題

(1) 下の数直線上で，A～Dに対応する数を答えましょう。

　　A　 B　　　　　　C　 D

　　－5　　　　　　0　　　　　　＋5

A〔 －4 〕，B〔 －2.5 〕，C〔 ＋2 〕，D〔 ＋3.5 〕

(2) 次の数の絶対値を答えましょう。

　① －9 〔 9 〕　　　　② ＋4.5 〔 4.5 〕

(3) 絶対値が次のような数を答えましょう。

　① 15 〔 ＋15, －15 〕　② $\frac{1}{13}$ 〔 ＋$\frac{1}{13}$, －$\frac{1}{13}$ 〕

(4) 次の数の大小を，不等号を使って表しましょう。

　① －10, ＋3 〔 －10 ＜ ＋3 〕　② －2, －6 〔 －6 ＜ －2 〕

3 加法と減法① ・・・・・・・・・・・・・・・・・・・・・・・・・・・・・ 8・9 ページの解答

加法

●符号が同じ数の和

Point! 符号が同じ2つの数の和は，

絶対値の和に共通の符号をつけた数になる。

たし算のことを加法，加法の結果（答え）を和というよ。

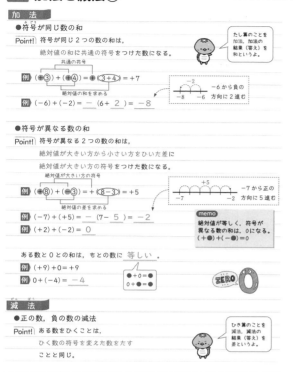

共通の符号

例 $(+3)+(+4)=+(3+4)=+7$

絶対値の和を求める

例 $(-6)+(-2)=-(6+2)=-8$

-6から負の方向に2進む

●符号が異なる数の和

Point! 符号が異なる2つの数の和は，

絶対値が大きい方から小さい方をひいた差に

絶対値が大きい方の符号をつけた数になる。

絶対値が大きい方の符号

例 $(+8)+(-3)=+(8-3)=+5$

絶対値の差を求める

-7から正の方向に5進む

例 $(-7)+(+5)=-(7-5)=-2$

例 $(+2)+(-2)=0$

memo 絶対値が等しく，符号が異なる数の和は，0になる。$(+●)+(-●)=0$

ある数と0との和は，もとの数に 等しい 。

例 $(+9)+0=+9$

例 $0+(-4)=-4$

$●+0=●$
$0+●=●$

ZERO 0

減法

●正の数，負の数の減法

Point! ある数をひくことは，

ひく数の符号を変えた数をたす

ことと同じ。

ひき算のことを減法，減法の結果（答え）を差というよ。

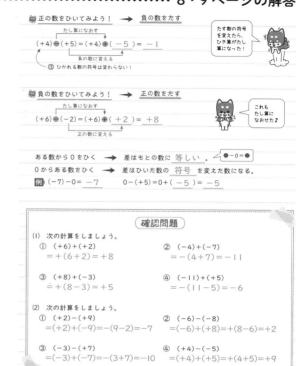

正の数をひいてみよう！ → 負の数をたす

たし算になおす

$(+4)-(+5)=(+4)+(-5)=-1$

負の数に変える

ひかれる数の符号は変わらない！

たす数の符号を変えたら，ひき算がたし算になった！

負の数をひいてみよう！ → 正の数をたす

たし算になおす

$(+6)-(-2)=(+6)+(+2)=+8$

正の数に変える

これもたし算になおせた♪

ある数から0をひく → 差はもとの数に 等しい 。 $●-0=●$

0からある数をひく → 差はひいた数の 符号 を変えた数になる。

例 $(-7)-0=-7$ $0-(+5)=0+(-5)=-5$

確認問題

(1) 次の計算をしましょう。

① $(+6)+(+2)$
$=+(6+2)=+8$

② $(-4)+(-7)$
$=-(4+7)=-11$

③ $(+8)+(-3)$
$=+(8-3)=+5$

④ $(-11)+(+5)$
$=-(11-5)=-6$

(2) 次の計算をしましょう。

① $(+2)-(+9)$
$=(+2)+(-9)=-(9-2)=-7$

② $(-6)-(-8)$
$=(-6)+(+8)=+(8-6)=+2$

③ $(-3)-(+7)$
$=(-3)+(-7)=-(3+7)=-10$

④ $(+4)-(-5)$
$=(+4)+(+5)=+(4+5)=+9$

4 加法と減法② ・・・・・・・・・・・・・・・・・・・・・・・・・・ 10・11 ページの解答

加法と減法の混じった式

●加法の計算法則

加法では，負の数をふくむ場合も，

次のことが成り立つ。

《加法の交換法則》 $■+●=●+■$

《加法の結合法則》 $(■+●)+▲=■+(●+▲)$

memo 加法では，計算の順序を入れかえたり，計算の組み合わせをかえたりすることができる。

例 $(-3)+(+5)+(-1)+(+5)$

計算の順序をかえる←交換法則を使う

$=(-3)+(-1)+(+5)+(+5)$

計算の組み合わせをかえる←結合法則を使う

$=\{(-3)+(-1)\}+\{(+5)+(+5)\}$

$=(-4)+(+10)=+6$

計算が簡単になったね！

●式の項

$2-4+3-6$ を加法だけの式に

なおすと，

$(+2)+(-4)+(+3)+(-6)$

この+2，-4，$+3$，-6を，

$2-4+3-6$ の項という。

memo $(+2)+(-4)+(+3)+(-6)$ ↓ +とかっこをはぶく $2-4+3-6$ ※式の最初の項の正の符号+は省略できる。

正の項…+2，$+3$

負の項…-4，-6

例 $-8+5-1+3$の項は，-8，$+5$，-1，$+3$

正の項は，$+5$，$+3$

負の項は，-8，-1

例 $(+4)+(-3)+(-6)+(+2)$を，項を並べた式で表すと，

$4-3-6+2$

●加法と減法の混じった式の計算

項を並べた式の計算をしてみよう！

$3-2+7-5$

$=3+7-2-5$ 項の順序をかえる ←交換法則を使う

$=10-7$ 正の項，負の項をまとめる ←結合法則を使う

$=3$

答えが正の数のときは，正の符号+を省略する

$(+3)+(-2)+(+7)+(-5)$
$=(+3)+(+7)+(-2)+(-5)$
$=(+10)+(-7)$
$=+3$

上の○の計算の+と（ ）をはぶいたんだね！

加法と減法の混じった式の計算をしてみよう！

$4+(-6)-(-1)-2$

$=4-6+1-2$ 項だけを並べた式にする

$=4+1-6-2$ 項の順序をかえる

$=5-8$ 正の項，負の項をまとめる

$=-3$

加法の計算法則を使って式を整理しよう。

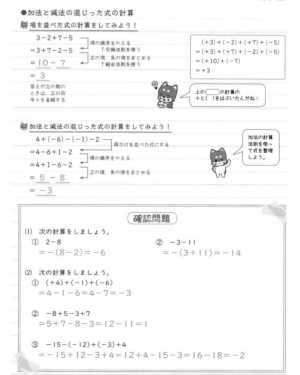

確認問題

(1) 次の計算をしましょう。

① $2-8$
$=-(8-2)=-6$

② $-3-11$
$=-(3+11)=-14$

(2) 次の計算をしましょう。

① $(+4)+(-1)+(-6)$
$=4-1-6=4-7=-3$

② $-8+5-3+7$
$=5+7-8-3=12-11=1$

③ $-15-(-12)+(-3)+4$
$=-15+12-3+4=12+4-15-3=16-18=-2$

3

5 乗法と除法① ·········· 12・13 ページの解答

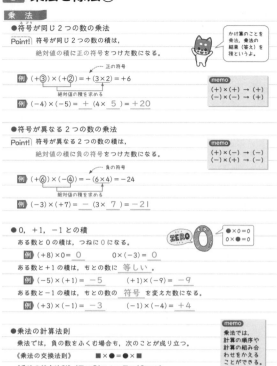

乗法

●符号が同じ2つの数の乗法

Point! 符号が同じ2つの数の積は，
絶対値の積に正の符号をつけた数になる。

かけ算のことを乗法，乗法の結果（答え）を積というよ。

正の符号

例 $(+3) \times (+2) = +(3 \times 2) = +6$

絶対値の積を求める

memo
$(+) \times (+) \rightarrow (+)$
$(-) \times (-) \rightarrow (+)$

例 $(-4) \times (-5) = +(4 \times 5) = +20$

●符号が異なる2つの数の乗法

Point! 符号が異なる2つの数の積は，
絶対値の積に負の符号をつけた数になる。

memo
$(+) \times (-) \rightarrow (-)$
$(-) \times (+) \rightarrow (-)$

負の符号

例 $(+6) \times (-4) = -(6 \times 4) = -24$

絶対値の積を求める

例 $(-3) \times (+7) = -(3 \times 7) = -21$

●0, +1, -1 との積

ある数と0の積は，つねに0になる。

$\times 0 = 0$
$0 \times = 0$

例 $(+8) \times 0 = 0$ $0 \times (-3) = 0$

ある数と+1の積は，もとの数に等しい。

例 $(-5) \times (+1) = -5$ $(+1) \times (-9) = -9$

ある数と-1の積は，もとの数の符号を変えた数になる。

例 $(+3) \times (-1) = -3$ $(-1) \times (-4) = +4$

●乗法の計算法則

乗法では，負の数をふくむ場合も，次のことが成り立つ。

《乗法の交換法則》 ■×●＝●×■

《乗法の結合法則》 (■×●)×▲＝■×(●×▲)

memo
乗法では，計算の順序や計算の組み合わせをかえることができる。

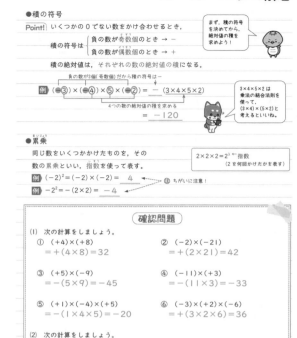

●積の符号

Point! いくつかの0でない数をかけ合わせるとき，

積の符号は
負の数が奇数個のとき → -
負の数が偶数個のとき → +

積の絶対値は，それぞれの数の絶対値の積になる。

まず，積の符号を決めてから，絶対値の積を求めよう！

負の数が3個（奇数個）だから積の符号は-

例 $(-3) \times (-4) \times 5 \times (-2) = -(3 \times 4 \times 5 \times 2)$

4つの数の絶対値の積を求める

$= -120$

$3 \times 4 \times 5 \times 2$ は乗法の結合法則を使って，$(3 \times 4) \times (5 \times 2)$ と考えるといいね。

●累乗

同じ数をいくつかかけたものを，その数の累乗といい，指数を使って表す。

$2 \times 2 \times 2 = 2^3$ ← 指数
（2を何回かけたかを表す）

例 $(-2)^2 = (-2) \times (-2) = 4$ ← ちがいに注意！

例 $-2^2 = -(2 \times 2) = -4$

確認問題

(1) 次の計算をしましょう。

① $(+4) \times (+8)$
$= +(4 \times 8) = 32$

② $(-2) \times (-21)$
$= +(2 \times 21) = 42$

③ $(+5) \times (-9)$
$= -(5 \times 9) = -45$

④ $(-11) \times (+3)$
$= -(11 \times 3) = -33$

⑤ $(+1) \times (-4) \times (+5)$
$= -(1 \times 4 \times 5) = -20$

⑥ $(-3) \times (+2) \times (-6)$
$= +(3 \times 2 \times 6) = 36$

(2) 次の計算をしましょう。

① $7^2 = 7 \times 7 = 49$

② $(-5)^3 = (-5) \times (-5) \times (-5)$
$= -(5 \times 5 \times 5) = -125$

---

6 乗法と除法② ·········· 14・15 ページの解答

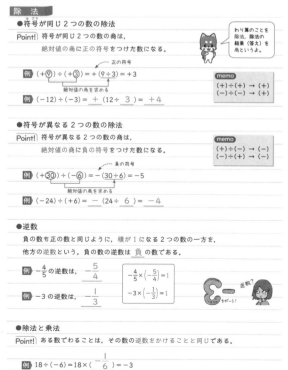

除法

●符号が同じ2つの数の除法

Point! 符号が同じ2つの数の商は，
絶対値の商に正の符号をつけた数になる。

わり算のことを除法，除法の結果（答え）を商というよ。

正の符号

例 $(+9) \div (+3) = +(9 \div 3) = +3$

絶対値の商を求める

memo
$(+) \div (+) \rightarrow (+)$
$(-) \div (-) \rightarrow (+)$

例 $(-12) \div (-3) = +(12 \div 3) = +4$

●符号が異なる2つの数の除法

Point! 符号が異なる2つの数の商は，
絶対値の商に負の符号をつけた数になる。

memo
$(+) \div (-) \rightarrow (-)$
$(-) \div (+) \rightarrow (-)$

負の符号

例 $(+30) \div (-6) = -(30 \div 6) = -5$

絶対値の商を求める

例 $(-24) \div (+6) = -(24 \div 6) = -4$

●逆数

負の数も正の数と同じように，積が1になる2つの数の一方を，他方の逆数という。負の数の逆数は負の数である。

例 $-\dfrac{4}{5}$ の逆数は，$-\dfrac{5}{4}$

$-\dfrac{4}{5} \times \left(-\dfrac{5}{4}\right) = 1$

例 -3 の逆数は，$-\dfrac{1}{3}$

$-3 \times \left(-\dfrac{1}{3}\right) = 1$

●除法と乗法

Point! ある数でわることは，その数の逆数をかけることと同じである。

例 $18 \div (-6) = 18 \times \left(-\dfrac{1}{6}\right) = -3$

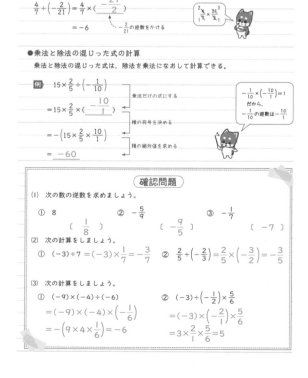

●除法を乗法になおして計算してみよう！

$\dfrac{4}{7} \div \left(-\dfrac{2}{21}\right) = \dfrac{4}{7} \times \left(-\dfrac{21}{2}\right)$

$-\dfrac{2}{21}$ の逆数をかける

$= -6$

●乗法と除法の混じった式の計算

乗法と除法の混じった式は，除法を乗法になおして計算できる。

例 $15 \times \dfrac{2}{5} \div \left(-\dfrac{1}{10}\right)$

乗法だけの式にする

$= 15 \times \dfrac{2}{5} \times \left(-\dfrac{10}{1}\right)$

積の符号を決める

$= -\left(15 \times \dfrac{2}{5} \times \dfrac{10}{1}\right)$

積の絶対値を求める

$= -60$

$-\dfrac{1}{10} \times \left(-\dfrac{10}{1}\right) = 1$ だから，$-\dfrac{1}{10}$ の逆数は $-\dfrac{10}{1}$

確認問題

(1) 次の数の逆数を求めましょう。

① 8 〔$\dfrac{1}{8}$〕

② $-\dfrac{5}{9}$ 〔$-\dfrac{9}{5}$〕

③ $-\dfrac{1}{7}$ 〔-7〕

(2) 次の計算をしましょう。

① $(-3) \div 7 = (-3) \times \dfrac{1}{7} = -\dfrac{3}{7}$

② $\dfrac{2}{5} \div \left(-\dfrac{2}{3}\right) = \dfrac{2}{5} \times \left(-\dfrac{3}{2}\right) = -\dfrac{3}{5}$

(3) 次の計算をしましょう。

① $(-9) \times (-4) \div (-6)$
$= (-9) \times (-4) \times \left(-\dfrac{1}{6}\right)$
$= -\left(9 \times 4 \times \dfrac{1}{6}\right) = -6$

② $(-3) \div \left(-\dfrac{1}{2}\right) \times \dfrac{5}{6}$
$= (-3) \times (-2) \times \dfrac{5}{6}$
$= 3 \times \dfrac{2}{1} \times \dfrac{5}{6} = 5$

四 則

●計算の順序

加法，減法，乗法，除法 をまとめて四則という。

四則の混じった式の計算では，計算の順序に注意する。

Point!・累乗のある式は，累乗を先に計算する。
・かっこのある式は，かっこの中を先に計算する。
・乗法や除法は，加法や減法よりも先に計算する。

加法と乗法の混じった式の計算をしてみよう！

$6+3×4=6+\boxed{12}=\boxed{18}$

先に乗法の計算をする

四則の混じった式の計算をしてみよう！

$(-2)^2×(5-8)+4$ 　　累乗・（ ）の中の計算をする

$=4×(-3)+4$ 　　乗法の計算をする

$=-12+4$ 　　加法の計算をする

$=-8$

計算の順序をまちがえると正しい答えを求められないよ！

●分配法則

正の数と同じように，負の数をふくむ計算についても，次のことが成り立つ。

memo
分配法則を使うと計算が簡単になることがある。

《分配法則》　$■×(●+▲)=■×●+■×▲$
　　　　　　　　　　　①　　　②

$(●+▲)×■=●×■+▲×■$
　　　　　①　　　②

分配法則を利用して計算してみよう！

$2×\{(-50)+(-8)\}=2×(-50)+2×(-8)$
$=(-100)+(-16)$
$=-116$

$2×(-58)$ の計算をするより，簡単だね！

$-15×88+(-15)×12=\boxed{-15}×(88+12)$
$=-15×100$
$=-1500$

$■×(●+▲)$
$=■×●+■×▲$
を逆に使っているんだね！

分配法則は便利！

確認問題

(1) 次の計算をしましょう。

① $4-3×6$
　$=4-18=-14$

② $-5-2×(-7)$
　$=-5+14=9$

③ $3^2+(-4)×(-6)$
　$=9+24=33$

④ $(-2^3)÷(9-5)$
　$=-8÷4=-2$

(2) 分配法則を使って，次の計算をしましょう。

① $\left(-\dfrac{1}{5}+\dfrac{2}{3}\right)×15$
　$=-\dfrac{1}{5}×15+\dfrac{2}{3}×15$
　$=-3+10=7$

② $-18×\left(\dfrac{5}{6}-\dfrac{1}{2}\right)$
　$=-18×\dfrac{5}{6}+(-18)×\left(-\dfrac{1}{2}\right)$
　$=-15+9=-6$

③ $5×\{(-20)-(-3)\}$
　$=5×(-20)-5×(-3)$
　$=-100+15=-85$

④ $21×(-6)-16×(-6)$
　$=(21-16)×(-6)$
　$=5×(-6)=-30$

解説 第1章 **7** いろいろな計算①

確認問題

(1) 四則の混じった式の計算は，次の順に計算する。

| **1** 累乗・かっこの中 | → | **2** 乗法除法 | → | **3** 加法減法 |

② $-5-2×(-7)$
　$=-5-(-14)=-5+14=9$

$●^2=●×●$

③ $3^2+(-4)×(-6)=9+24=33$

④ $(-2^3)÷(9-5)=-8÷4=-2$

(2) 分配法則

$■×(●+▲)=■×●+■×▲$
$(●+▲)×■=●×■+▲×■$

② $-18×\left(\dfrac{5}{6}-\dfrac{1}{2}\right)$

$=-18×\dfrac{5}{6}+(-18)×\left(-\dfrac{1}{2}\right)=-15+9$

符号に注意！$(-)×(-)→(+)$

$=-6$

正の数と負の数のまとめ

●**数の大小**：（負の数）＜0＜（正の数）

●**絶対値**：数直線上で，その数に対応する点と原点との距離のこと

●**正の数・負の数の四則**

《加法》**1** 符号が同じ2つの数の和：

符号……共通の符号

絶対値…2つの数の絶対値の和

2 符号が異なる2つの数の和：

符号……絶対値が大きい方の符号

絶対値…絶対値が大きい方から小さい方をひいた差

《減法》ある数をひくことは，ひく数の符号を変えた数をたすことと同じ。

《乗法》$(+)×(+)→(+)$　　$(-)×(-)→(+)$
　　　　$(+)×(-)→(-)$　　$(-)×(+)→(-)$

《除法》ある数でわることは，その数の逆数をかけることと同じ。

数の集合

それにふくまれるかどうか，はっきりと決められるものの集まりを集合という。

自然数全体や整数全体，小数や分数をふくめたすべての数全体の集まりも　集合　である。

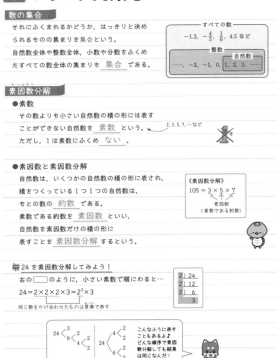

——すべての数——
−1.3，−$\frac{4}{5}$，$\frac{1}{6}$，4.5 など

——整数——
——自然数——
…，−2，−1，0，1，2，3，…

素因数分解

●素数

その数よりも小さい自然数の積の形には表すことができない自然数を　素数　という。 — 2, 3, 5, 7, … など

ただし，1 は素数にふくめ　ない　。

●素因数と素因数分解

自然数は，いくつかの自然数の積の形に表され，積をつくっている 1 つ 1 つの自然数は，もとの数の　約数　である。

素数である約数を　素因数　といい，自然数を素因数だけの積の形に表すことを　素因数分解　するという。

《素因数分解》
$105 = 3 \times 5 \times 7$
　　　　素因数
　（素数である約数）

24 を素因数分解してみよう！

右の□□のように，小さい素数で順にわると…

$24 = 2 \times 2 \times 2 \times 3 = 2^3 \times 3$

同じ数をかけ合わせたものは累乗で表せます

```
2 ) 24
2 ) 12
2 )  6
     3
```

$24 \begin{cases} 3 \\ 8 \begin{cases} 2 \\ 4 \begin{cases} 2 \\ 2 \end{cases} \end{cases} \end{cases}$　$24 \begin{cases} 4 \begin{cases} 2 \\ 2 \end{cases} \\ 6 \begin{cases} 2 \\ 3 \end{cases} \end{cases}$

こんなふうに表すこともあるよ♪どんな順序で素因数分解しても結果は同じなんだ！

正の数，負の数の利用

Point! いくつかの数量の平均を求めるとき，基準とする値を決めて，次の方法で計算することもできる。

memo
基準とする値のことを「仮の平均」ともいう。

$$（平均）=（基準の値）+ \frac{（基準とのちがいの合計）}{（数量の個数）}$$

基準とのちがいを使って平均を求めてみよう！

右の表は，ある生徒の 4 回の数学のテストの得点を，70 点を基準として，基準より高い場合は正の数で，基準より低い場合は負の数で表したものである。

回	第1回	第2回	第3回	第4回
基準との差（点）	+5	−10	+2	−1

4 回のテストの平均を求めると…

$$（平均）= 70 + \frac{5-10+2-1}{4} = 70 - 1 = \underline{69}（点）$$

基準の値　　　　　基準とのちがいの平均

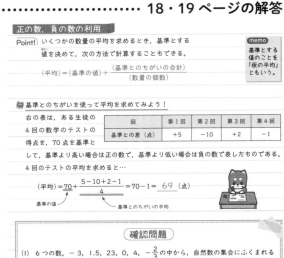

確認問題

(1) 6 つの数，−3，1.5，23，0，4，−$\frac{2}{3}$ の中から，自然数の集合にふくまれる数をすべて選びましょう。　〔 23，4 〕

(2) 36 を素因数分解しましょう。　〔 $2^2 \times 3^2$ 〕

(3) 右の表は，A，B，C，D，E の 5 人の生徒の身長を，A の身長を基準として，基準より高い場合は正の数で，基準より低い場合は負の数で表したものです。A の身長が 154cm のとき，5 人の身長の平均は何 cm か，求めましょう。

生徒	A	B	C	D	E
基準との差（cm）	0	+1	−3	−4	+2

$154 + (0+1-3-4+2) \div 5 = 154 - 0.8 = 153.2$（cm）

〔 153.2cm 〕

文字を使った式

1 個 30 円のキャンディーをいくつか買うときの代金は…

1 個買うとき　→　30 × 1（円）

2 個買うとき　→　30 × 2（円）

3 個買うとき　→　30 × 3（円）

⋮

a 個買うとき　→　30 × a（円）

文字を使うと，どんな場合も 1 つの式でまとめて表すことができるね。

1 個 30 円のキャンディーを a 個買って，500 円出したときのおつりは（ $500 - 30 \times a$ ）円である。

a や x などの文字を使った式を文字式という。

文字式の表し方

●積の表し方

Point! 〔1〕文字式では，乗法の記号×をはぶく。

　　　〔2〕文字と数の積では，数を文字の前に書く。

　　　〔3〕同じ文字の積では，指数を使って書く。

　　　※文字の積は，ふつうはアルファベット順に書く。

積を表してみよう！

$a \times b = \underline{ab}$　　　　$x \times (-2) = \underline{-2x}$
×をはぶく　　　　　　　　数を文字の前に書く

$a \times b → ab$

$b \times a \times 8 = \underline{8ab}$　　$(x+y) \times 5 = \underline{5(x+y)}$
アルファベット順に書く　　$x+y$ は 1 つの文字と同じように考える

memo
$1 \times a = a$　　$a \times 1 = a$　　$(-1) \times a = -a$　　$a \times (-1) = -a$
$0.1 \times a = 0.1a$

同じ文字の積を表してみよう！

$x \times x \times x = \underline{x^3}$　　　　$x \times y \times x \times 2 = \underline{2x^2y}$
同じ文字の積は，指数を使って書く

$a \times b \times (-3) \times b = \underline{-3ab^2}$

●商の表し方

Point! 文字式では，除法の記号÷を使わず，分数の形に書く。

商を表してみよう！

$x \div 4 = \dfrac{x}{4}$
記号÷を使わず，分数の形に表す

÷を×になおして，$x \div 4 = x \times \frac{1}{4}$ だから，$\frac{1}{4}x$ と書いてもよい。

$x → 4 → \frac{x}{4}$

$x \div (-2) = \dfrac{x}{-2} = -\dfrac{x}{2}$
−は分数の前に書く

$(a+b) \div 3 = \dfrac{a+b}{3}$
$a+b$ は 1 つの文字と同じように考える

分子のかっこはとる

積と商の混じった式を表してみよう！

$6 \times a \div 5 = 6a \div 5 = \dfrac{6a}{5}$
$\frac{6}{5}a$ と書いてもよい。

$a \div b \times 4 = \dfrac{a}{b} \times 4 = \dfrac{4a}{b}$
$4\frac{a}{b}$ と書いてはいけない。

分数の表し方に注意しよう！

確認問題

(1) 次の式を，文字式の表し方にしたがって表しましょう。

　① $x \times (-8)$　〔 $-8x$ 〕　② $a \times a \times 2$　〔 $2a^2$ 〕

　③ $x \div 3$　〔 $\dfrac{x}{3}$ 〕　④ $9 \div a \div 7$　〔 $\dfrac{9}{7a}$ 〕

(2) 次の式を，記号×，÷を使って表しましょう。

　① $-8a$　　② x^2y^3　　③ $\dfrac{x}{7}$

　〔 $-8 \times a$ 〕　〔 $x \times x \times y \times y \times y$ 〕　〔 $x \div 7$ 〕

2 文字を使った式② ‥‥‥‥‥‥‥‥‥‥‥‥‥‥‥‥‥‥‥‥ 22・23 ページの解答

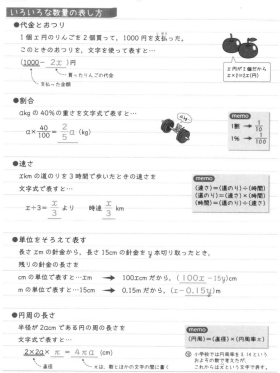

いろいろな数量の表し方

●代金とおつり

1個 x 円のりんごを 2 個買って，1000 円を支払った。

このときのおつりを，文字を使って表すと…

(1000 − $2x$)円

└ 買ったりんごの代金
└ 支払った金額

x 円が 2 個だから
$x×2=2x$（円）

●割合

a kg の 40% の重さを文字式で表すと…

$a×\dfrac{40}{100}=\dfrac{2}{5}a$ （kg）

memo
1割＝$\dfrac{1}{10}$
1%＝$\dfrac{1}{100}$

●速さ

x km の道のりを 3 時間で歩いたときの速さを

文字式で表すと…

$x÷3=\dfrac{x}{3}$ より 時速 $\dfrac{x}{3}$ km

memo
（速さ）＝（道のり）÷（時間）
（道のり）＝（速さ）×（時間）
（時間）＝（道のり）÷（速さ）

●単位をそろえて表す

長さ x m の針金から，長さ 15cm の針金を y 本切り取ったとき，

残りの針金の長さを

cm の単位で表すと… x m → 100 x cm だから，($100x−15y$)cm

m の単位で表すと… 15cm → 0.15m だから，($x−0.15y$)m

●円周の長さ

半径が $2a$ cm である円の周の長さを

文字式で表すと…

$2×2a×$ π ＝ $4π a$ (cm)

└ 直径
└ π は，数とほかの文字の間に書く

memo
（円周）＝（直径）×（円周率π）

⊕ 小学校では円周率を 3.14 というおよその数で考えたが，これからは π という文字で表す。

代入と式の値

式の中の文字を数におきかえることを，文字に

その数を 代入 するといい，代入して計算した

結果を，そのときの 式の値 という。

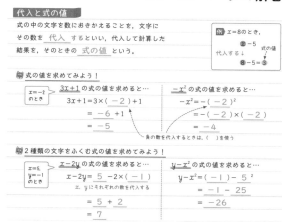

例 $x=8$ のとき，
x −5
代入する↓ └ 式の値
8 −5＝ 3

式の値を求めてみよう！

$x=-2$ のとき

$3x+1$ の式の値を求めると…
$3x+1=3×($ $−2$ $)+1$
$=$ $−6$ $+1$
$=$ $−5$

$−x^2$ の式の値を求めると…
$−x^2=−($ $−2$ $)^2$
$=−($ $−2$ $)×($ $−2$ $)$
$=$ $−4$

└ 負の数を代入するときは ( ) を使う

2 種類の文字をふくむ式の値を求めてみよう！

$x=5$, $y=-1$ のとき

$x−2y$ の式の値を求めると…
$x−2y=$ 5 $−2×($ $−1$ $)$
x, y にそれぞれの数を代入する
$=$ 5 $+$ 2
$=$ 7

$y−x^2$ の式の値を求めると…
$y−x^2=($ $−1$ $)−$ 5 ^{2}
$=$ $−1$ $−$ 25
$=$ $−26$

確認問題

(1) 次の数量を文字式で表しましょう。

① 1個 a 円のみかんを 12 個買ったときの代金 〔 $12a$ 円 〕

② x m の道のりを分速 70m で歩くときにかかる時間 〔 $\dfrac{x}{70}$ 分 〕

(2) 次の式の値を求めましょう。

① $x=3$ のとき，$6x−12=6×3−12=18−12=6$

② $a=-1$ のとき，$a^3=(−1)×(−1)×(−1)=−1$

---

3 文字式の計算① ‥‥‥‥‥‥‥‥‥‥‥‥‥‥‥‥‥‥‥ 24・25 ページの解答

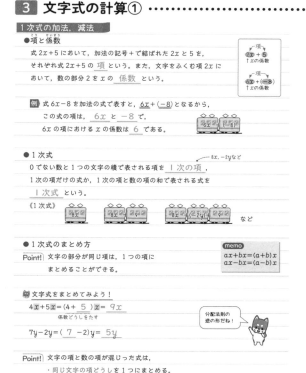

1次式の加法，減法

●項と係数

式 $2x+5$ において，加法の記号 ＋ で結ばれた $2x$ と 5 を，

それぞれ式 $2x+5$ の 項 という。また，文字をふくむ項 $2x$ に

おいて，数の部分 2 を x の 係数 という。

項
$2x$ ＋ 5
↑ x の係数

項
$6x$ ＋ （−8）
↑ x の係数

例 式 $6x−8$ を加法の式で表すと，$6x＋(−8)$ となるから，

この式の項は， $6x$ と $−8$ で，

$6x$ の項における x の係数は 6 である。

●1次式

0 でない数と 1 つの文字の積で表される項を 1 次の項 ，

1 次の項だけの式か，1 次の項と数の項の和で表される式を

1 次式 という。

・8x，−2y など

《1次式》

など

●1次式のまとめ方

Point! 文字の部分が同じ項は，1 つの項に

まとめることができる。

memo
$ax+bx=(a+b)x$
$ax−bx=(a−b)x$

文字式をまとめてみよう！

$4x+5x=(4+$ 5 $)x=$ $9x$

└ 係数どうしをたす

分配法則の逆の形だね！

$7y−2y=($ 7 $−2)y=$ $5y$

Point! 文字の項と数の項が混じった式は，

・同じ文字の項どうしを 1 つにまとめる。

・数の項どうしを計算する。

文字と数が混じった式をまとめてみよう！

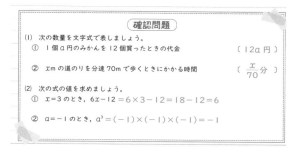

$3x−2+2x+4$
項を並べかえる
$=3x+$ $2x$ $−2+$ 4
$=($ $3+2$ $)x+($ $−2+4$ $)$
文字の項，数の項をそれぞれまとめる
$=$ $5x+2$

memo
加法の交換法則
$a+b=b+a$
加法の結合法則
$(a+b)+c=a+(b+c)$

5x と 2 をまとめることはできないよ。

●1次式の加法と減法

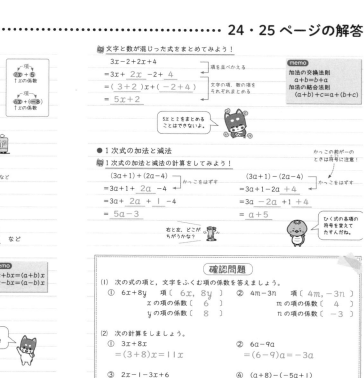

1次式の加法と減法の計算をしてみよう！

$(3a+1)+(2a−4)$
$=3a+1+$ $2a$ $−4$ ← かっこをはずす
$=3a+$ $2a$ $+$ 1 $−4$
$=$ $5a−3$

$(3a+1)−(2a−4)$
$=3a+1−2a$ $+4$ ← かっこをはずす
$=3a$ $−2a$ $+1$ $+4$
$=$ $a+5$

右と左，どこがちがうかな？

かっこの前が−のときは符号に注意！

ひく式の各項の符号を変えてたすんですね。

確認問題

(1) 次の式の項と，文字をふくむ項の係数を答えましょう。

① $6x+8y$ 項〔 $6x$, $8y$ 〕 ② $4m−3n$ 項〔 $4m$, $−3n$ 〕
x の項の係数〔 6 〕 m の項の係数〔 4 〕
y の項の係数〔 8 〕 n の項の係数〔 $−3$ 〕

(2) 次の計算をしましょう。

① $3x+8x$
 $=(3+8)x=11x$

② $6a−9a$
 $=(6−9)a=−3a$

③ $2x−1−3x+6$
 $=2x−3x−1+6$
 $=−x+5$

④ $(a+8)−(−5a+1)$
 $=a+8+5a−1$
 $=a+5a+8−1=6a+7$

1次式と数の乗法，除法

●1次式と数の乗法
項が1つだけの1次式と数の乗法の計算は，
<u>数どうしの乗法と同じように</u>行うことができる。

📖 項が1つだけの1次式と数の乗法の計算をしてみよう！

$3x \times 7 = 3 \times x \times 7$
$= 3 \times 7 \times \underline{x}$
$= \underline{21x}$

> memo
> 乗法の交換法則
> $a \times b = b \times a$
> 乗法の結合法則
> $(a \times b) \times c = a \times (b \times c)$

項が2つある1次式と数の乗法では，
分配法則を使って計算する。

> memo
> 分配法則
> $a(b+c) = ab + ac$
> $(a+b)c = ac + bc$

📖 項が2つある1次式と数の乗法の計算をしてみよう！

分配法則を使う
$4(2x+1) = 4 \times \underline{2x} + 4 \times 1$
$= \underline{8x+4}$

●1次式と数の除法
Point! 除法は，乗法になおして計算できる。

📖 項が1つだけの1次式と数の除法の計算をしてみよう！

$15x \div 5 = 15x \times \dfrac{1}{\underline{5}}$ ← 乗法だけの式になおす

$= 15 \times \dfrac{1}{5} \underline{x}$

$= \underline{3x}$

> 数どうしの除法の計算のしかたと同じだね！

📖 項が2つある1次式と数の除法の計算をしてみよう！

$(8x-4) \div 2 = (8x-4) \times \dfrac{1}{\underline{2}}$ ← 乗法だけの式になおす

$= 8x \times \dfrac{1}{2} - 4 \times \dfrac{1}{2}$

$(8x-4) \div 2 = \dfrac{\overset{4}{\cancel{8x}} - \overset{2}{\cancel{4}}}{\cancel{2}_1}$
$= 4x - 2$
分数の形にして約分してもよい。

$= \underline{4x-2}$

●いろいろな1次式の計算

📖 分数の形の式と数の乗法の計算をしてみよう！

$\dfrac{2x+1}{3} \times 9 = (\underline{2x+1}) \times 3$
$\dfrac{2x+1}{3} \times 9 = \dfrac{(2x+1) \times \overset{3}{\cancel{9}}}{\cancel{3}_1}$

$= \underline{6x+3}$

> だれ!?

> これでどんな文字式も計算できるぞ！

📖 かっこをふくむ式の計算をしてみよう！

$3(x+2) - 5(2x+1) = 3x+6 \underline{-10x-5}$ ← かっこをはずす
$= \underline{3x} \underline{-10x} + 6 \underline{-5}$ ← 同じ文字の項どうし，数の項どうしを，それぞれまとめる
$= \underline{-7x+1}$

> ┌─────────────┐
> │ 確認問題 │
> └─────────────┘

(1) 次の計算をしましょう。

① $-2x \times (-6)$
$= -2 \times (-6) \times x = 12x$

② $27y \div (-9)$
$= 27y \times \left(-\dfrac{1}{9}\right) = -3y$

③ $5(-4x+8)$
$= 5 \times (-4x) + 5 \times 8 = -20x + 40$

④ $(14a-21) \div (-7)$
$= (14a-21) \times \left(-\dfrac{1}{7}\right) = -2a+3$

(2) 次の計算をしましょう。

① $\dfrac{5x-3}{4} \times 16 = (5x-3) \times 4 = 20x - 12$

② $6(2a-5) - 2(a-8) = 12a - 30 - 2a + 16$
$= 12a - 2a - 30 + 16 = 10a - 14$

> 解説 ◀ **第2章 4 文字式の計算②**

(確認問題)

(1)① $-2x \times (-6) = -2 \times x \times (-6)$
$= -2 \times (-6) \times x = 12x$

② $27y \div (-9) = 27y \times \left(-\dfrac{1}{9}\right) = 27 \times \left(-\dfrac{1}{9}\right) \times y$

$= -3y$

分配法則を使う
③ $5(-4x+8) = 5 \times (-4x) + 5 \times 8$

$= -20x + 40$

④ $(14a-21) \div (-7) = (14a-21) \times \left(-\dfrac{1}{7}\right)$

$= 14a \times \left(-\dfrac{1}{7}\right) - 21 \times \left(-\dfrac{1}{7}\right) = -2a + 3$

(2)① $\dfrac{5x-3}{\underset{1}{\cancel{4}}} \times \overset{4}{\cancel{16}} = (5x-3) \times 4$

$= 20x - 12$

② $6(2a-5) - 2(a-8) = 12a - 30 - 2a + 16$
$= 12a - 2a - 30 + 16 = 10a - 14$

> (文字と式のまとめ)

●**文字式の表し方**

《積の表し方》

$\boxed{1}$ 乗法の記号 × をはぶく

$\boxed{2}$ 文字と数の積では，<u>数を文字の前に書く</u>

$\boxed{3}$ 同じ文字の積では，<u>指数を使って書く</u>
(例)$a \times a = a^2$

《商の表し方》

文字式では，除法の記号 ÷ を使わず，

<u>分数の形に書く。</u> (例)$a \div 3 = \dfrac{a}{3}$

●**式の値**
xに8を代入する
(例) $x = 8$ のとき，$\textcircled{x} - 5 = \textcircled{8} - 5 = 3$ ←式の値

●**1次式のまとめ方**

$ax + bx = (a+b)x \qquad ax - bx = (a-b)x$

●**1次式と数の乗法，除法**

(例) $2x \times 3 = 2 \times x \times 3 = 2 \times 3 \times x = 6x$

$2(x+1) = \underline{2 \times x + 2 \times 1} = 2x + 2$
分配法則を使う

除法は乗法になおすか分数の形で表して計算。

●**等式**：数量が等しいという関係を表す式

不等式：数量の大小関係を表す式

文字式の利用

わからない数量を文字にすると、式に表して考えることができる。

●文字式の表す数量

りんご 1 個の値段を a 円、みかん 1 個の値段を b 円
とするとき、$5a+3b$ が表す数量は…？

a はりんご 1 個の値段だから、$5a$ はりんごを <u>5</u> 個買うときの代金
b はみかん 1 個の値段だから、$3b$ はみかんを <u>3</u> 個買うときの代金
したがって、$5a+3b$ は、1 個 <u>a</u> 円のりんごを <u>5</u> 個と、
1 個 <u>b</u> 円のみかんを <u>3</u> 個買うときの <u>代金</u> の合計である。

長方形の縦の長さを x cm、横の長さを y cm とするとき、
xy が表す数量は…？

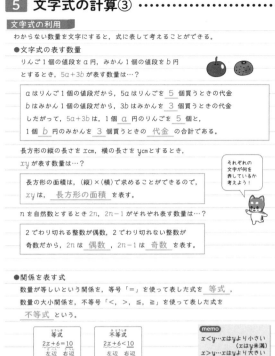

それぞれの文字が何を表しているか考えよう！

長方形の面積は、(縦)×(横)で求めることができるので、
xy は、<u>長方形の面積</u> を表す。

n を自然数とするとき $2n$、$2n-1$ がそれぞれ表す数量は…？

2 でわり切れる整数が偶数、2 でわり切れない整数が
奇数だから、$2n$ は <u>偶数</u>、$2n-1$ は <u>奇数</u> を表す。

●関係を表す式

数量が等しいという関係を、等号「＝」を使って表した式を <u>等式</u>、
数量の大小関係を、不等号「<、>、≦、≧」を使って表した式を
<u>不等式</u> という。

等式	不等式
$2x+6=10$ 左辺 右辺 両辺	$2x+6<10$ 両辺

memo
$x<y$…x は y より小さい
（x は y 未満）
$x>y$…x は y より大きい
$x≦y$…x は y 以下
$x≧y$…x は y 以上

数量が等しい関係を等式で表してみよう！

x 本の鉛筆を 6 人の生徒に y 本ずつ配ると、鉛筆が 3 本余った。

◎余った鉛筆の本数について等式で表すと…

(余った本数)＝(鉛筆の総数)ー(配った本数)

| 3 | x | $6y$ |

$y×6=6y$

同じ関係をちがう形の式に表せるんね。

よって、3＝ <u>$x-6y$</u>

◎鉛筆の総数について等式で表すと…

(鉛筆の総数)＝(配った本数)＋(余った本数)だから、<u>$x=6y+3$</u>

＝を使った式

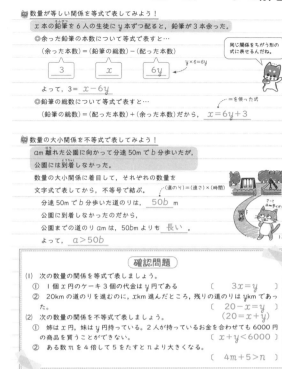

数量の大小関係を不等式で表してみよう！

a m 離れた公園に向かって分速 50m で b 分歩いたが、
公園には到着しなかった。

数量の大小関係に着目して、それぞれの数量を
文字式で表してから、不等号で結ぶ。

(道のり)＝(速さ)×(時間)

分速 50m で b 分歩いた道のりは、<u>$50b$</u> m
公園に到着しなかったのだから、
公園までの道のり a m は、$50b$ m よりも <u>長い</u>。
よって、<u>$a>50b$</u>

確認問題

(1) 次の数量の関係を等式で表しましょう。
① 1 個 x 円のケーキ 3 個の代金が y 円である 〔 $3x=y$ 〕
② 20km の道のりを進むのに、x km 進んだところ、残りの道のりは y km であった。 〔 $20-x=y$ 〕（$20=x+y$）

(2) 次の数量の関係を不等式で表しましょう。
① 姉は x 円、妹は y 円持っている。2 人が持っているお金を合わせても 6000 円の商品を買うことができない。 〔 $x+y<6000$ 〕
② ある数 m を 4 倍して 5 をたすと n より大きくなる。 〔 $4m+5>n$ 〕

方程式とその解

文字の値によって、成り立ったり、成り立たなかったりする等式を
<u>方程式</u> という。

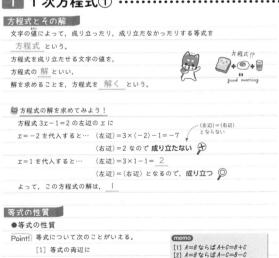

方程式を成り立たせる文字の値を、
方程式の <u>解</u> といい、
解を求めることを、方程式を <u>解く</u> という。

方程式!?

good morning

方程式の解を求めてみよう！

方程式 $3x-1=2$ の左辺の x に
$x=-2$ を代入すると…（左辺）＝$3×(-2)-1=-7$
（右辺）＝2 なので 成り立たない ✗

(左辺)≠(右辺)
とならない

$x=1$ を代入すると…（左辺）＝$3×1-1=$ <u>2</u>
（左辺）＝（右辺）となるので、成り立つ ○

よって、この方程式の解は、<u>1</u>

等式の性質

●等式の性質

Point! 等式について次のことがいえる。

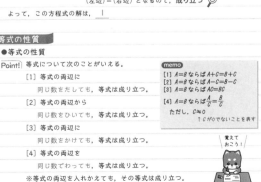

[1] 等式の両辺に
同じ数をたしても、等式は成り立つ。

[2] 等式の両辺から
同じ数をひいても、等式は成り立つ。

[3] 等式の両辺に
同じ数をかけても、等式は成り立つ。

[4] 等式の両辺を
同じ数でわっても、等式は成り立つ。

※等式の両辺を入れかえても、その等式は成り立つ。
→ $A=B$ ならば $B=A$

memo
[1] $A=B$ ならば $A+C=B+C$
[2] $A=B$ ならば $A-C=B-C$
[3] $A=B$ ならば $AC=BC$
[4] $A=B$ ならば $\dfrac{A}{C}=\dfrac{B}{C}$
ただし、$C≠0$
↑ C が 0 でないことを表す

覚えておこう！

●等式の性質を使って方程式を解く

等式の性質を使って方程式を解いてみよう！

[1] $x-2=6$
$x-2+2=6+2$
$x=$ <u>8</u>

両辺に 2 をたす

[2] $x+2=6$
$x+2-2=6-2$
$x=$ <u>4</u>

両辺から 2 をひく

[3] $\dfrac{x}{2}=6$
$\dfrac{x}{2}×2=6×2$
$x=$ <u>12</u>

両辺に 2 をかける

[4] $-2x=6$
$\dfrac{-2x}{-2}=\dfrac{6}{-2}$
$x=$ <u>-3</u>

両辺を -2 でわる

1 次方程式の解き方

Point! 等式では、一方の辺の項を、符号を変えて他方の辺に移すことができる。
これを <u>移項</u> という。

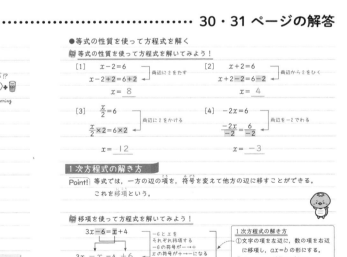

移項を使って方程式を解いてみよう！

$3x-6=x+4$

-6 と x を
それぞれ移項する
-6 の符号が $-→+$
x の符号が $+→-$ になる

$3x-x=4+6$
$2x=$ <u>10</u>
$x=$ <u>5</u>

1 次方程式の解き方
①文字の項を左辺に、数の項を右辺に移項し、$ax=b$ の形にする。
②両辺を x の係数 a でわる。
※移項して $ax=b$ となる方程式を 1 次方程式という。

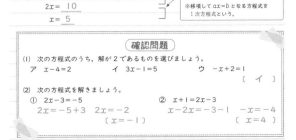

確認問題

(1) 次の方程式のうち、解が 2 であるものを選びましょう。
ア $x-4=2$　　イ $3x-1=5$　　ウ $-x+2=1$
〔 イ 〕

(2) 次の方程式を解きましょう。
① $2x-3=-5$
$2x=-5+3$
$2x=-2$
〔 $x=-1$ 〕

② $x+1=2x-3$
$x-2x=-3-1$
$-x=-4$
〔 $x=4$ 〕

第3章 1次方程式

2 1次方程式②　……　32・33ページの解答

かっこのある1次方程式

Point! かっこのある方程式は、次の手順で解く。

① かっこをはずす。

② x をふくむ項を左辺に、数の項を右辺に移項して、方程式を $ax=b$ の形に整理する。

③ 両辺を x の係数 a でわる。

memo 項の符号を変えて、左辺から右辺、または、右辺から左辺に移すことを移項という。

かっこのある1次方程式を解いてみよう！

$$3x+12=2(x+7)$$　→かっこをはずす
$$3x+12=\underline{2x}+\underline{14}$$　→移項する
$$3x-\underline{2x}=\underline{14}-\underline{12}$$
$$x=\underline{2}$$

かっこのある方程式は、まず、かっこをはずそう！

係数に小数をふくむ1次方程式

Point! 係数に小数をふくむ方程式は、次の手順で解く。

① 両辺を10倍、100倍、…して、係数を整数にする。

② 移項して方程式を $ax=b$ の形に整理する。

③ 両辺を x の係数 a でわる。

係数が全部整数になるように、10や100を両辺にかけるよ。

係数に小数をふくむ1次方程式を解いてみよう！

$$0.2x-0.3=0.7$$
$$(0.2x-0.3)\times10=0.7\times10$$　→両辺に10をかける
$$2x-3=\underline{7}$$　→係数が整数になった！
$$2x=\underline{7}+3$$　→②移項して $ax=b$ の形に整理する
$$2x=\underline{10}$$
$$x=\underline{5}$$　→③ x の係数2でわる

×10

memo 小数に10、100、…をかけると、0の数だけ小数点の位置が右に移る。
例 $0.2\times10=2.0$

$$0.04x-0.01=0.02x+0.03$$
$$(0.04x-0.01)\times100=(0.02x+0.03)\times100$$　→両辺に100をかける
$$4x-1=\underline{2x+3}$$　→係数が整数になった！
$$4x-\underline{2x}=3+\underline{1}$$
$$2x=\underline{4}$$
$$x=\underline{2}$$

×100

まず、係数を整数にしてから計算するんだね。

確認問題

(1) 次の方程式を解きましょう。

① $6-(x-7)=15$
$6-x+7=15$　　$-x=15-6-7$
$-x=2$　　　　　〔 $x=-2$ 〕

② $2(2x-1)=3x$
$4x-2=3x$　　$4x-3x=2$
〔 $x=2$ 〕

(2) 次の方程式を解きましょう。

① $0.2x-0.3=0.1$
$(0.2x-0.3)\times10=0.1\times10$
$2x-3=1$　　$2x=4$
〔 $x=2$ 〕

② $0.3x+0.8=-0.5x$
$(0.3x+0.8)\times10=-0.5x\times10$
$3x+8=-5x$　　$3x+5x=-8$
$8x=-8$　　　〔 $x=-1$ 〕

③ $0.05x-0.02=0.03x-0.08$
$(0.05x-0.02)\times100=(0.03x-0.08)\times100$
$5x-2=3x-8$　　$5x-3x=-8+2$　　$2x=-6$　〔 $x=-3$ 〕

第3章 1次方程式

3 1次方程式③　……　34・35ページの解答

係数に分数をふくむ1次方程式

Point! 係数に分数をふくむ方程式は、次の手順で解く。

① 両辺に分母の公倍数をかけて、係数を整数にする。

② 移項して方程式を $ax=b$ の形に整理する。

③ 両辺を x の係数 a でわる。

memo 分数をふくむ方程式を、分数をふくまない式に変形することを、「分母をはらう」という。

係数に分数をふくむ1次方程式を解いてみよう！

$$\frac{1}{2}x-3=-\frac{1}{4}x$$
$$\left(\frac{1}{2}x-3\right)\times\underline{4}=-\frac{1}{4}x\times\underline{4}$$　→①両辺に分母の2と4の最小公倍数4をかける
$$2x-\underline{12}=-x$$
$$2x+\underline{x}=12$$　→②移項して $ax=b$ の形に整理する
$$3x=\underline{12}$$
$$x=\underline{4}$$　→③ x の係数3でわる

係数に分数があったら、まず、分母の公倍数をさがそう！

比例式

●比例式の性質

Point! 比 $a:b$ と $c:d$ が等しいことを表す式

$a:b=c:d$ を比例式といい、次のことが成り立つ。

$$a:b=c:d \quad のとき \quad ad=bc$$

$$a:b=c:d \quad\overset{ad}{\underset{bc}{\frown\atop\smile}}$$

memo 比 $a:b$ で、$\dfrac{a}{b}$ を比の値という。比が等しいとき、比の値も等しいので、$a:b=c:d$ のとき $\dfrac{a}{b}=\dfrac{c}{d}$

この式を変形すると $ad=bc$ となる。

●比例式を満たす x の値

比例式を満たす x の値を求めてみよう！

$$x:8=3:4$$　→比例式の性質 $a:b=c:d$ のとき $ad=bc$ を使う
$$x\times\underline{4}=8\times\underline{3}$$
$$4x=\underline{24}$$
$$x=\underline{6}$$

かけ合わせる数をまちがえないように気をつけてね！

$$(x-3):7=2:1$$　→$a:b=c:d$ のとき $ad=bc$
$$(x-3)\times\underline{1}=7\times\underline{2}$$　→かっこをはずす
$$x-3=\underline{14}$$
$$x=14+\underline{3}$$
$$x=\underline{17}$$

$(x-3)$ をひとまとまりと考えよう！

確認問題

(1) 次の方程式を解きましょう。

① $\frac{1}{5}x-3=-1$
両辺を5倍して、$x-15=-5$
$x=-5+15$　　〔 $x=10$ 〕

② $\frac{1}{3}x+1=\frac{1}{2}x$
両辺を6倍して、$2x+6=3x$
$2x-3x=-6$　　$-x=-6$〔 $x=6$ 〕

③ $\frac{1}{4}x=\frac{5}{6}x+7$
両辺を12倍して、$3x=10x+84$
$-7x=84$
〔 $x=-12$ 〕

④ $\frac{3}{4}x-6=\frac{1}{5}x+5$
両辺を20倍して、$15x-120=4x+100$
$15x-4x=100+120$　　$11x=220$
〔 $x=20$ 〕

(2) 次の比例式で、x の値を求めましょう。

① $x:6=2:3$　　$x\times3=6\times2$　　$3x=12$　　〔 $x=4$ 〕

② $(x-1):3=8:6$　$(x-1)\times6=3\times8$　　$6x-6=24$　　$6x=30$〔 $x=5$ 〕

代金の問題

プリンを5個と1個200円のシュークリームを2個買うと、
代金の合計は1650円であった。
プリン1個の値段を求めなさい。

プリン1個の値段を x 円とする。

プリン5個の代金は、 $5x$ 円
シュークリーム2個の代金は、
(200×2)円
代金の合計について、
方程式に表すと、
$5x + 200 \times 2 = 1650$

$5x + 400 = 1650$
$5x = 1250$
$x = 250$

プリン1個の値段を250円
とすると、代金の合計は1650円
となり、問題に適している。

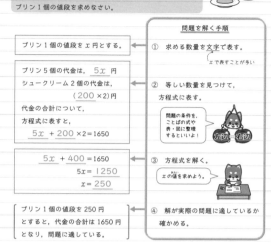

問題を解く手順

① 求める数量を文字で表す。
  x で表すことが多い

② 等しい数量を見つけて、
  方程式に表す。
  問題の条件を、ことばの式や表・図に整理するといいよ！
  左辺＝右辺

③ 方程式を解く。
  x の値を求めよう。

④ 解が実際の問題に適しているか
  確かめる。

答 プリン1個 250 円

memo
④の解の確かめのときに途中の計算もまちがっていないか確認しておこう。
なお、上の〔 〕の部分は、確認のみして解答では省いてもよい。

過不足の問題

何人かの子どもに鉛筆を配るとき、
1人に6本ずつ配ると10本不足し、5本ずつ配ると10本余る。
子どもの人数と鉛筆の本数を求めなさい。

子どもの人数を x 人とする。
2通りの配り方について、鉛筆の本数を、それぞれ x の式で表すと、
・6本ずつ配るとき→6x 本必要だけど 10本足りないから$(6x-10)$本
・5本ずつ配るとき→ $5x$ 本配って 10本余るから$(5x+10)$本
鉛筆の本数は等しいので、 $6x-10 = 5x+10$
これを解くと、
$6x-10=5x+10$
$6x-5x=10+10$
$x=20$

$6 \times 20 - 10 = 110$ より、鉛筆の本数は 110 本
  $5 \times 20 + 10$ でも求められる
子どもの人数が 20 人で、鉛筆の本数が 110 本とすると、
問題に適している。

答 子ども 20 人、鉛筆 110 本

確認問題

1個20円のあめを何個かと、1個50円のチョコレートを3個買ったところ、
代金の合計は210円でした。次の問いに答えましょう。
(1) 買ったあめの個数を x 個として、方程式をつくりましょう。
  〔 $20x+50 \times 3 = 210$ 〕
(2) 買ったあめの個数を求めましょう。
  $20x+50 \times 3 = 210$ $20x = 210-150$
  $20x = 60$ $x = 3$
  〔 3個 〕

解説 第3章 **4** 1次方程式の利用①

確認問題

方程式の応用問題は、次のように解く。

①求める数量を文字で表す。
②等しい数量を見つけて、方程式に表す。
③方程式を解く。
④解が実際の問題に適しているか確かめる。

(1) 買ったあめの個数を x 個とすると、 ①
   あめ x 個の代金は、 $20 \times x = 20x$（円）
   チョコレート3個の代金は、(50×3)円
   代金の合計について、
   方程式 $20x+50 \times 3 = 210$ が成り立つ。 ②
(2) (1)の方程式を解くと、
   $20x+50 \times 3 = 210$ $20x = 210-150$
   $20x = 60$ $x = 3$ ③
   買ったあめの個数を3個とすると、代金の合計は210円となり、問題に適している。 ④

1次方程式のまとめ

── 等式の性質 ──
[1] $A=B$ ならば $A+C=B+C$
[2] $A=B$ ならば $A-C=B-C$
[3] $A=B$ ならば $AC=BC$
[4] $A=B$ ならば $\dfrac{A}{C}=\dfrac{B}{C}$ ただし、$C \neq 0$

方程式の解き方
●1次方程式を解く手順
 ①文字の項を左辺に、数の項を右辺に移項し、$ax=b$ の形にする。
 ②両辺を x の係数 a でわる。
●かっこのある方程式 ➡ まず、かっこをはずす。
●係数に小数をふくむ方程式 ➡ 両辺を10倍、100倍、…して、係数を整数にする。
●係数に分数をふくむ方程式 ➡ 両辺に分母の公倍数をかけて、係数を整数にする。

── 比例式の性質 ──
$a:b=c:d$ のとき $ad=bc$

5 1次方程式の利用② ・・・・・・・・・・・・・・・・・・・・・・・・・・

速さの問題

Aさんが家から1100m離れた図書館に行くのに、
途中にあるポストまでは分速70mで歩き、
ポストから先は分速80mで歩いたところ、
家を出発してから15分で図書館に着いた。
Aさんが分速70mで歩いた時間を求めなさい。

Aさんが分速70mで歩いた時間を x 分とする。

表の空らんをうめよう！

	速さ (m/分)	時間 (分)	道のり (m)
家～ポスト	70	x	$70x$
ポスト～図書館	80	$15-x$	$80(15-x)$
合　計		15	1100

(道のり)＝(速さ)×(時間)

家からポストまでの道のりと、
ポストから図書館までの道のりの和は、__1100__ mだから、

$$70x + 80(15-x) = 1100$$
$$70x + 1200 - 80x = 1100$$
$$70x - 80x = 1100 - 1200$$
$$-10x = -100$$
$$x = 10$$

符号に気をつけて計算しよう！

Aさんが分速70mで __10__ 分歩いたとすると、道のりの合計は、
$70×10 + 80×(15-10) = $ __1100__ (m)
となり、問題に適している。

答 分速70mで歩いた時間は __10分__

比例式の応用

黒い碁石が12個、白い碁石が20個入っている箱に
黒い碁石を何個か入れたところ、箱の中の黒い碁石と
白い碁石の個数の比が3：4になった。
入れた黒い碁石の個数を求めなさい。

入れた黒い碁石の個数を x 個とすると、箱の中の黒い碁石は（ __$12+x$__ ）個

黒と白の碁石の個数の比から比例式をつくると…

$$(12+x):20=3:4$$
$$(12+x)×4=20× \underline{3}$$
$$12 ×4+ x×4= \underline{60}$$
$$48+ \underline{4x} = \underline{60}$$
$$4x= \underline{60} - 48$$
$$4x= \underline{12}$$
$$x= \underline{3}$$

比例式の性質を使う

memo
比例式の性質
$a:b=c:d$
のとき
$ad=bc$
覚えているかな？

黒い碁石を __3__ 個入れたとすると、
黒い碁石は全部で __15__ 個となり、
($12+3$)
問題に適している。

答 3個

確認問題

ある人が家から780m離れた駅まで行くのに、はじめは分速60mで歩き、途中
から分速75mで歩いたところ、家を出てから12分で駅に着きました。このとき、
次の問いに答えましょう。

(1) 分速60mで歩いた時間を x 分として、方程式をつくりましょう。

〔 $60x+75(12-x)=780$ 〕

(2) 分速60mで歩いた道のりは何mか、求めましょう。

$60x+75(12-x)=780$　　$60x+900-75x=780$
$60x-75x=780-900$　　$-15x=-120$　　$x=8$
分速60mで8分歩いたときの道のりは、$60×8=480$(m)

〔 480m 〕

---

1 関数 ・・・・・・・・・・・・・・・・・・・・・・・・・・・・・・・・・・・・

2つの数量の関係

直方体の形をした空の水そうに、一定の割合で水を入れていくと、
水を入れ始めてから1分後に、底から2cmの高さまで水がたまる。
水を入れ始めてから x 分後に底から y cmの高さまで
水がたまるとして、x と y の関係を表に表すと…

x(分)	0	1	2	3	4	5	…
y(cm)	0	2	4	6	8	10	…

上の表のように、x の値が1つ決まると、
それに対応して y の値が __ただ1つ__ に決まるとき、
y は x の __関数__ であるという。

関数かどうか考えてみよう！

次のア～ウのうち、y が x の関数であるものは __イ__ である。

ア　時速 x kmで進むときにかかる時間 y 時間
　　道のりがわからないと、かかる時間は決まらない

イ　1個350円のケーキを x 個買って、5000円出したときのおつり y 円
　　$y=5000-350x$ だから、x の値が決まると、y の値もただ1つに決まる

ウ　底辺の長さが x cmの三角形の面積 y cm^2
　　高さがわからないと、面積が決まらない

変数と変域

上の水そうにおける x と y のように、いろいろな
値をとる文字のことを変数という。
上の水そうの深さが40cmであるとき、
水そうがいっぱいになるのは、__20__ 分後だから、
変数 x のとりうる値の範囲は、0以上 __20__ 以下となり、
$0 ≦ x ≦ 20$ と表すことができる。
変数のとりうる値の範囲を __変域__ という。

40÷2

変域の表し方

Point! 変域は、不等号や数直線を使って表す。

意　味	不等号で表す	変域を表す図
x が0より大きい	$x>0$	0 ○をふくまない
x が0以上	$x≧0$	0 ●をふくむ
x が10より小さい (10未満)	$x<10$	10
x が10以下	$x≦10$	10
x が0以上10以下	$0≦x≦10$	0　10

数直線上に表そう

確認問題

(1) 縦の長さが x cm、横の長さが5cmの長方形の面積を y cm^2 とします。

① 下の表は、x と y の関係を表したものです。表の空らんをうめましょう。

x(cm)	0	1	2	3	4	5
y(cm^2)	0	5	10	15	20	25

② y は x の関数です。x の変域が $3≦x≦8$ のときの y の変域を求めましょう。
　①の表より、$x=3$ のとき、$y=15$
　$x=8$ のとき、$y=8×5=40$ より、$15≦y≦40$

〔 $15≦y≦40$ 〕

(2) 次のような変数 x の変域を不等式で表しましょう。

① x が-3未満　　　　　　　② x が-4以上2以下

〔 $x<-3$ 〕　　　　　　　　〔 $-4≦x≦2$ 〕

2 比例 ·· 42・43 ページの解答

比例の関係

●比例の式

y が x の関数で、x と y の関係が $y=ax$ のような式で
表されるとき、y は x に 比例する という。
比例の式 $y=ax$ における文字 a は定数で、
これを 比例定数 という。

変数 変数
$y = a x$
定数（比例定数）

一定の数やそれを
表す文字のこと

Point! 比例 $y=ax$ では、$x \neq 0$ のとき $\frac{y}{x}$ は一定で
あり、その値は比例定数 a に等しくなる。

$\frac{y}{x}=a$

小学校で勉強
したね！

●比例の関係

比例 $y=ax$ では、変数が負の値をとる場合もある。
$y=3x$ について、対応する x と y の値を表に表すと…

x	…	-4	-3	-2	-1	0	1	2	3	4	…
y	…	-12	-9	-6	-3	0	3	6	9	12	…

比例 $y=ax$ では、比例定数が負の数の場合もある。
$y=-3x$ について、対応する x と y の値を表に表すと…

x	…	-4	-3	-2	-1	0	1	2	3	4	…
y	…	12	9	6	3	0	-3	-6	-9	-12	…

Point! 比例 $y=ax$ では、x の値が2倍、3倍、4倍、……になると、
y の値も 2倍、3倍、4倍、……になる。

memo
比例 $y=ax$ では、変数や比例定数が負の数のときも、
x と y の変わり方は正の数のときと同じである。

比例の式の求め方

🐾 x と y の値から比例の式を求めてみよう！

y は x に比例し、$x=2$ のとき $y=-10$ である。

y は x に比例するから、比例定数を a とすると、
$y=ax$ と表すことができる。
$x=2$ のとき $y=-10$ だから、
$-10=a \times 2$ ← $y=ax$ に $x=2$、$y=-10$ を代入する
これを解くと、$a=-5$
よって、求める式は、$y=-5x$

x と y の値が
1組わかれば、
比例の式を求め
られるんだね！

確認問題

(1) 下の表で、y は x に比例しています。

x	…	-3	-2	-1	0	1	2	3	…
y	…	-6	-4	-2	0	2	4	6	…

① 表の空らんをうめましょう。

② 比例定数を求めましょう。　　　　　　　　〔 2 〕

③ y を x の式で表しましょう。　$y=ax$ とおく。
　$x=1$、$y=2$ を代入すると、$a=2$　　〔 $y=2x$ 〕

(2) y は x に比例し、$x=2$ のとき $y=-8$ です。
① y を x の式で表しましょう。　$y=ax$ とおく。
　$x=2$、$y=-8$ を代入すると、$-8=a \times 2$　$a=-4$〔 $y=-4x$ 〕

② $x=-3$ のときの y の値を求めましょう。
　$y=-4x$ に $x=-3$ を代入すると、$y=-4 \times (-3)=12$〔 $y=12$ 〕

3 座標，比例のグラフ ································· 44・45 ページの解答

座 標

●座標平面

縦の数直線… y 軸
または縦軸
横の数直線… x 軸
または横軸
交点O…原点

2つ合わせて
座標軸という。

ゼロじゃなくて「オー」

このようにして座標を定めた平面を 座標平面 という。

●点の座標

点Aの x 座標
点Aの y 座標
$(5, 4)$
点Aの座標

memo
点Aの座標が $(5, 4)$ で
あることを
A$(5, 4)$
と表すこともある。

🐾 右の図の点B，C，Dの座標を答えてみよう！

B（ 2 , 5 ）
C（ -3 , 2 ）
D（ 0 , -3 ）

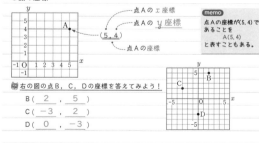

比例のグラフ

比例 $y=ax$ のグラフは、
原点 を通る 直線。
(0,0)

$a>0$ のとき	$a<0$ のとき

右上がり
増加
増加

右下がり
増加
減少
右下がり

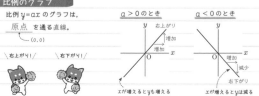

x が増えると y も増える　　x が増えると y は減る

比例のグラフのかき方

Point! 原点とグラフが通るもう1点を直線で結ぶ。

🐾 $y=-2x$ のグラフを右の図にかいてみよう！

x	…	-2	-1	0	1	2	…
y	…	4	2	0	-2	-4	…

$(0, 0)$ 以外に、
$(2, -4)$ も
通るので、
この2点を直線で
結ぶ。

グラフから比例の式を求める

Point! グラフが通る原点以外の1点を見つける。

比例の式を $y=ax$ とおく。
グラフは $(8, 4)$ を通っているから、比例の式に
$x=8$、$y=4$ を代入して、$4=a \times 8$　$a=\frac{1}{2}$
よって、グラフの式は、$y=\frac{1}{2}x$

a が分数に
なることも
ある

memo
$a=\frac{y}{x}$ で一定なので、$a=\frac{4}{8}$ を
計算してもOK！

確認問題

(1) 右の図の点A，Bの座標を答えましょう。
A〔 $(-4, 2)$ 〕、B〔 $(2, -1)$ 〕

(2) 右の図の2点A，Bを結ぶと比例のグラフになり
ます。このグラフについて、y を x の式で表しましょう。
A$(-4, 2)$ より、$a=\frac{2}{-4}=-\frac{1}{2}$
〔 $y=-\frac{1}{2}x$ 〕

(3) 右の図に比例 $y=-3x$ のグラフをかきましょう。

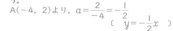
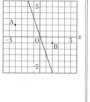

反比例の関係

●反比例の式

y が x の関数で、x と y の関係が $y=\dfrac{a}{x}$ のような式で

表されるとき、y は x に 反比例する という。

反比例の式 $y=\dfrac{a}{x}$ における a を 比例定数 という。
└─ 0でない定数

比例定数
↓
$$y=\dfrac{a}{x}$$

Point! 反比例 $y=\dfrac{a}{x}$ では、積 xy は一定であり、

その値は比例定数 a に等しくなる。

$xy=a$

●反比例の関係

反比例 $y=\dfrac{a}{x}$ では、変数が負の値をとる場合もある。$y=\dfrac{6}{x}$ について、

対応する x と y の値を表に表すと…

x	…	-4	-3	-2	-1	0	1	2	3	4	…
y		$-\dfrac{3}{2}$	-2	-3	-6	×	6	3	2	$\dfrac{3}{2}$	

→ ☆ 分数の分母は0にならないので、
反比例 $y=\dfrac{a}{x}$ では、比例定数が負の数の場合もある。　　　　　$x=0$ に対応する y の値は考えられない。

$y=-\dfrac{6}{x}$ について、対応する x と y の値を表に表すと…

x	…	-4	-3	-2	-1	0	1	2	3	4	…
y		$\dfrac{3}{2}$	2	3	6	×	-6	-3	-2	$-\dfrac{3}{2}$	

Point! 反比例 $y=\dfrac{a}{x}$ では、x の値が2倍、3倍、4倍、……になると、

y の値は $\dfrac{1}{2}$ 倍、$\dfrac{1}{3}$ 倍、$\dfrac{1}{4}$ 倍、……になる。

反比例の式の求め方

●1組の x と y の値がわかっている場合

📖 x と y の値から反比例の式を求めてみよう！

y は x に反比例し、$x=3$ のとき $y=-4$ である。

y は x に反比例するから、比例定数を a とすると、

$$y=\dfrac{a}{x}$$ と表すことができる。

$x=3$ のとき $y=-4$ だから、　$-4=\dfrac{a}{3}$

これを解くと、$a=-12$　　$y=\dfrac{a}{x}$ に $x=3$、$y=-4$ を代入する

よって、求める式は、　$y=-\dfrac{12}{x}$

反比例の式も
x と y の値が
1組わかれば、
求められるね。

確認問題

(1) 下の表で、y は x に反比例しています。

x	…	-3	-2	-1	0	1	2	3	…
y		-6	-9	$\underline{-18}$	×	18	$\underline{9}$	6	

① 表の空らんをうめましょう。

② 比例定数を求めましょう。　　　　　　　　　　　　〔　18　〕

③ y を x の式で表しましょう。　$y=\dfrac{a}{x}$ とおく。

$x=1$、$y=18$ を代入すると、$18=\dfrac{a}{1}$　$a=18$　〔 $y=\dfrac{18}{x}$ 〕

(2) y は x に反比例し、$x=4$ のとき $y=-4$ です。

① y を x の式で表しましょう。$y=\dfrac{a}{x}$ とおく。

$x=4$、$y=-4$ を代入すると、$-4=\dfrac{a}{4}$　$a=-16$〔 $y=-\dfrac{16}{x}$ 〕

② $x=-2$ のときの y の値を求めましょう。

$y=-\dfrac{16}{x}$ に $x=-2$ を代入すると、$y=-\dfrac{16}{-2}=8$　〔 $y=8$ 〕

反比例のグラフ

反比例 $y=\dfrac{a}{x}$ のグラフは、なめらかな2つの曲線になり、これを双曲線という。

このグラフは、x 軸、y 軸と重ならない。

$a>0$ のとき　　　　　　　　　　　　**$a<0$ のとき**

増加　減少　　　　　　　　　　　　　　増加

減少　　　　　　　　　　　　　　　　　増加

グラフは右上と　　　　　　　　　　　グラフは左上と
左下に現れる。　　　　　　　　　　　右下に現れる。

反比例のグラフのかき方

Point! できるだけ多くの点をとって、それらをなめらかな曲線で結ぶ。

x 座標も y 座標も整数となる点を見つけると、点をとりやすい。

📖 $y=-\dfrac{8}{x}$ のグラフをかいてみよう！

x	…	-8	-4	-2	-1	0	1	2	4	8	…
y		1	2	4	8	×	-8	-4	-2	-1	

《よくない例》

なめらかでない　　　座標軸と重なっている
×　　　　　　　　　×

グラフから反比例の式を求める

Point! グラフが通る1点を見つける。

反比例の式を

$$y=\dfrac{a}{x}$$ とおく。

グラフは $(5,\ 2)$ を

通っているから、

反比例の式に

$x=5$、$y=2$ を代入して、

$2=\dfrac{a}{5}$　$a=10$

$xy=a$ を利用して
$a=5×2=10$ と求め
ることもできるよ！

よって、グラフの式は、　$y=\dfrac{10}{x}$

確認問題

右の図は、点 A を通る反比例のグラフです。

(1) 点 A の座標を答えましょう。

〔 $(6,\ 2)$ 〕

(2) このグラフについて、y を x の式で表し
ましょう。

$y=\dfrac{a}{x}$ とおく。

$x=6$、$y=2$ を代入すると、

$2=\dfrac{a}{6}$　$a=12$

〔 $y=\dfrac{12}{x}$ 〕

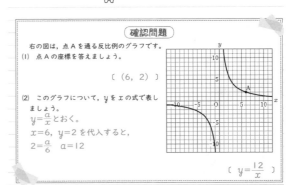

6 比例と反比例の利用 ‥‥‥‥‥‥‥‥‥‥‥‥‥ 50・51 ページの解答

比例と反比例のまとめ

比例と反比例についてまとめると，次のようになる。

	xとyの関係を表す式	xの値が2倍，3倍，……になるときのyの値	比例定数	グラフ
比 例	$y=ax$	2 倍，3 倍，……になる	xとyの商 $\dfrac{y}{x}$	原点 を通る直線
反比例	$y=\dfrac{a}{x}$	$\dfrac{1}{2}$ 倍，$\dfrac{1}{3}$ 倍，……になる	xとyの積 xy	双曲線 とよばれる2つの曲線

比例と反比例のちがいはわかったかな？

比例の利用

重さ250g分の同じ種類のクリップがある。
30g分の個数を数えると75個あった。
250g分の個数を求めなさい。

重さxgのクリップの個数をy個とする。yはxに比例するから，
比例定数をaとすると，　$y=ax$　と表すことができる。
30g分のクリップの個数は75個だから，　　　　　　　※$a=\dfrac{5}{2}$，$y=\dfrac{5}{2}x$ でもよい。
$x=30$，$y=75$ を$y=ax$に代入すると，
　75 ＝$a×$ 30 　より，$a=$ 2.5 　よって，$y=$ 2.5x

クリップ250g分の個数を求めるので，
$y=2.5x$ の式に $x=$ 250 を代入して，$y=2.5×$ 250 $=625$
したがって，クリップ250g分の個数は，625 個

全部教えなくても個数がわかるんだね！

反比例の利用

ガソリン1Lで$x$km走ることができる自動車が，240km離れたA地点まで移動するのに必要なガソリンの量をyLとする。
1Lで15km走ることができる自動車が，A地点まで移動するのに必要なガソリンの量を求めなさい。

ガソリン1Lで$x$km走れるのだから，yLで，$(x×y)$km走ることができ，
これが240kmと等しいから，$x×y=$ 240

つまり，yはxに 反比例 しており，比例定数は 240 である。

よって，1Lで15km走ることができる自動車がA地点まで移動するのに

必要なガソリンの量は，$y=\dfrac{240}{15}=$ 16 より，16 Lである。

確認問題

兄と妹は家を同時に出発して，兄は歩いて，妹は走って，家からの道のりが900mの公園に向かいました。右の図は，2人が出発してからx分後の家からの道のりをymとして，2人が進むようすをグラフに表したものです。

(1) 妹について，yをxの式で表しましょう。
　$y=ax$とおくと，$900=a×10$　　$a=90$　〔 $y=90x$ 〕
(2) 兄について，yをxの式で表しましょう。
　$y=ax$とおくと，$900=a×15$　　$a=60$　〔 $y=60x$ 〕
(3) 妹が公園に着いたとき，兄は公園まであと何mの地点にいますか。
　$y=60x$に$x=10$を代入して，$y=60×10=600$
　家から600mの地点にいるので，公園までは
　$900-600=300$(m)

〔 300m 〕

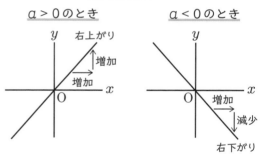

解説　第4章 6 比例と反比例の利用

確認問題

(1) yはxに比例するから，$y=ax$とおける。
　グラフより，妹は10分間で900m進むから，
　$x=10$，$y=900$を代入して，$900=10a$
　$a=90$だから，求める式は，$y=90x$ 妹は分速90m

(2) 同様に，$y=ax$に$x=15$，$y=900$を
　代入して，$900=15a$
　$a=60$だから，求める式は，$y=60x$ 兄は分速60m

(3) 妹は出発してから10分後に公園に着いており，10分間で兄は
　$60×10=600$(m)進むので，兄は公園まであと $900-600=300$(m)の地点にいる。

比例と反比例のまとめ

● yがxの関数で，xとyの関係が
　$y=ax$　ならば　yはxに比例する
　　 aは比例定数
　$y=\dfrac{a}{x}$　ならば　yはxに反比例する　という。

● 比例のグラフ：原点を通る直線

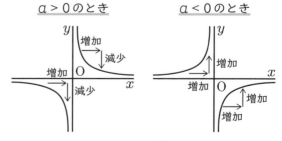

$a>0$のとき　　　　　$a<0$のとき

● 比例の式の求め方：$y=ax$ に xの値とyの値を代入してaの値を求める。

● 反比例のグラフ：双曲線とよばれる2つの曲線

$a>0$のとき　　　　　$a<0$のとき

● 反比例の式の求め方：$y=\dfrac{a}{x}$ に xの値とyの値を代入してaの値を求める。

1 図形の移動① ‥‥‥‥‥‥‥‥‥‥‥ 52・53 ページの解答

平面上の直線

●直線と線分

・2点 A, B を通り, 両方向に限りなくのびた まっすぐな線を **直線AB** という。

直線 AB

・直線 AB のうち, 点 A から点 B までの部分を **線分AB** という。

線分 AB

・直線 AB のうち, 点 A から点 B の方向にまっ すぐに限りなくのびた部分を **半直線AB** という。

半直線 AB

㊟ 点 B から点 A の方向にのびる場合は, 半直線 BA

・線分 AB の長さを, 2点 A, B 間の **距離** といい, AB と表す。また, 2つの線分 AB と CD の長さが等しいことを AB = **CD** と 書く。

●2直線の関係

・2直線 AB, CD が垂直に交わるとき, AB ⊥ CD と表し, 一方の直線を 他方の直線の **垂線** という。

memo
AB⊥CD
ABはCDの垂線
（CDはABの垂線）

・2つの線が交わる点を **交点** という。

・平面上の交わらない2直線は平行で あり, 2直線 AB, CD が平行である とき, AB **//** CD と表す。

memo
AB//CD
ABとCDは
交わらない。

平行移動

図形を, 一定の方向に一定の距離だけずらすこと を **平行移動** という。

平行移動において, 対応する2点を結ぶ線分は, それぞれ **平行** で, 長さが **等しい**。

三角形 ABC を△ABC と表す

右上の図で, △A′B′C′ は, △ABC を矢印の方向に矢印の長さだけ 平行移動したものである。このとき, AA′ // BB′ // CC′, AA′ = BB′ = CC′

対称移動

図形を, ある直線 ℓ を折り目として折り返すこ とを, 直線 ℓ を軸とする **対称移動** といい, 直線 ℓ を **対称の軸** という。

対称移動において, 対応する2点を結ぶ線分は, 対称の軸によって, **垂直** に2等分される。

右上の図で, △A′B′C′ は, △ABC を直線 ℓ を 軸として対称移動したものである。このとき, AA′⊥ℓ, BB′⊥ℓ, CC′⊥ℓ, AD=A′D, BE=B′E, CF=C′F

確認問題

(1) 右の図の△ABC を, 矢印 PQ の 方向に線分 PQ の長さだけ平行移 動させた△A′B′C′ をかきましょ う。

(2) 右の図の△ABC を, 直線 ℓ を対 称の軸として対称移動させた △A″B″C″ をかきましょう。

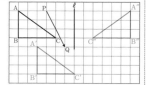

---

2 図形の移動② ‥‥‥‥‥‥‥‥‥‥‥ 54・55 ページの解答

回転移動

●角の表し方

・右の図のように, 点 B からのびる2つの 半直線 BA, BC によってできる角を **∠ABC** と表し,「角 ABC」と読む。

・∠ABC を∠B や b で表すこともある。

・∠ABC の大きさを∠ABC で表すことが あり, ∠ABC と∠DEF の大きさが等し いことを∠ABC= **∠DEF** と書く。

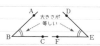

角の表し方はわかったかな？

●回転移動

図形を, ある点 O を中心にして 一定の角度だけ回すことを **回転移動** といい, このとき の点 O を **回転の中心** という。

回転移動において, 回転の中心 と対応する2点をそれぞれ結んで できる角はすべて **等しい**。 また, 回転の中心は対応する2点から等しい **距離** にある。

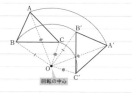

右上の図で, △A′B′C′ は, △ABC を, 時計の針の回転と同じ方向に 90°回転移動したものである。このとき, OA=OA′, OB=OB′, OC=OC′, ∠AOA′ = ∠BOB′ = ∠COC′=90°

180°の回転移動を **点対称移動** という。 点対称移動では, 対応する2点を結ぶ 直線は **回転の中心** を通る。

平行移動, 対称移動, 回転移動の3つの移動 の性質を覚えよう！

いろいろな図形の移動

平行移動・対称移動・回転移動について考えてみよう！

右の図の四角形 ABCD は長方形で, 点 E, F, G, H はそれぞれ長方形 ABCD の辺のまん中 の点で, 図中の8つの三角形はすべて合同で す。

・△AEO を平行移動するとぴったりと重なる三角形は… **△OFC**

・△AEO を, HF を対称の軸として対称移動すると ぴったりと重なる三角形は… **△DGO**

・△AEO を, 点 O を回転の中心として回転移動すると ぴったりと重なる三角形は… **△CGO**

180°回転するので点対称移動である

確認問題

右の図の△ABC を, 点 O を 回転の中心として時計回りに 90°回転移動した△A′B′C′ を かきましょう。

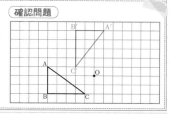

3 円とおうぎ形 ·· 56・57ページの解答

円

●円の弧と弦

中心が O である円を，円O という。

円周上のどこに点をとっても，その点と

中心の距離は一定で，この一定の距離が

半径 である。

円周上に 2 点 A，B があるとき，

円周の A から B までの部分を弧 AB といい，$\overset{\frown}{AB}$ と表す。

A と B を結んだ線分を 弦AB ，円の中心 O と A，B を結んだ∠AOB を

$\overset{\frown}{AB}$ に対する 中心角 という。

中心角／半径／O／弧 AB／弦 AB

> **memo**
> 円の弦のうちもっとも長いものが，直径である。

直径

●円の接線

右の図のように，円 O と直線 ℓ が点 C を共有

するとき，直線 ℓ は円に 接する といい，

直線 ℓ を 接線 ，点 C を 接点 という。

Point! 円の接線は，接点を通る半径に垂直である。

接線／接点

おうぎ形の弧の長さと面積

1 つの円からできるおうぎ形の弧の長さと面積は，

それぞれ中心角の大きさに比例する。

Point! 半径が r，中心角が $a°$ のおうぎ形の

弧の長さを ℓ，面積を S とすると，

$$弧の長さ…\ell = 2\pi r \times \frac{a}{360}$$

$$面積………S = \pi r^2 \times \frac{a}{360}$$

※ π は円周率を表している。

🐾 おうぎ形の弧の長さを求めてみよう！

半径4cm，中心角90°のおうぎ形の弧の長さ ℓ

おうぎ形の弧の長さの公式 $\ell = 2\pi r \times \dfrac{a}{360}$ に

$r = 4$，$a = 90$ を代入すると，

$$\ell = 2\pi \times \underline{4} \times \frac{90}{360} = \underline{2\pi}\ (cm)$$

🐾 おうぎ形の面積を求めてみよう！

半径3cm，中心角120°のおうぎ形の面積 S

おうぎ形の面積の公式 $S = \pi r^2 \times \dfrac{a}{360}$ に

$r = 3$，$a = 120$ を代入すると，

$$S = \pi \times \underline{3}^2 \times \frac{120}{360} = \underline{3\pi}\ (cm^2)$$

> おうぎ形の弧の長さと面積の公式をしっかり覚えておこう！

確認問題

次のおうぎ形の弧の長さと面積をそれぞれ求めましょう。

(1) 半径2cm，中心角180°

$2\pi \times 2 \times \dfrac{180}{360} = 2\pi$　　$\pi \times 2^2 \times \dfrac{180}{360} = 2\pi$

弧の長さ〔　2π cm　〕
面積〔　2π cm² 　〕

(2) 半径12cm，中心角60°

$2\pi \times 12 \times \dfrac{60}{360} = 4\pi$　　$\pi \times 12^2 \times \dfrac{60}{360} = 24\pi$

弧の長さ〔　4π cm　〕
面積〔　24π cm² 　〕

(3) 直径16cm，中心角45°

直径が16cmなので，半径は 16÷2＝8(cm)

$2\pi \times 8 \times \dfrac{45}{360} = 2\pi$　　$\pi \times 8^2 \times \dfrac{45}{360} = 8\pi$

弧の長さ〔　2π cm　〕
面積〔　8π cm² 　〕

解説 第5章 3 円とおうぎ形

確認問題

半径が r，中心角が $a°$ のおうぎ形の

弧の長さを ℓ，面積を S とすると，

$$\ell = 2\pi r \times \frac{a}{360},\quad S = \pi r^2 \times \frac{a}{360}$$

(3) 弧の長さ…$16\pi \times \dfrac{45}{360} = 2\pi$ (cm)

面積…$\pi \times \underline{8} \times \underline{8} \times \dfrac{45}{360} = 8\pi$ (cm²)
半径＝直径÷2

平面図形のまとめ

図形の移動

●平行移動

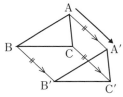

AA′ // BB′ // CC′
AA′ = BB′ = CC′

●対称移動

ℓ ←対称の軸

AA′⊥ℓ，BB′⊥ℓ，CC′⊥ℓ
AD＝A′D，BE＝B′E，CF＝C′F

●回転移動

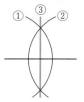

OA＝OA′，OB＝OB′，OC＝OC′
∠AOA′＝∠BOB′＝∠COC′

回転の中心→O

作図

●垂直二等分線

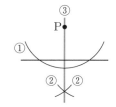

●角の二等分線

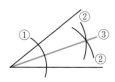

●点 P を通る垂線

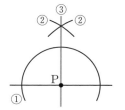

---

4 作図① ・・ 58・59 ページの解答

作図の基本
定規とコンパスだけを使って図をかくことを
__作図__ という。

垂直二等分線の作図
線分 AB 上の点で，2 点 A，B から等しい
距離にある点を線分 AB の __中点__ という。
線分 AB の中点を通り，線分 AB に垂直な
直線を線分 AB の __垂直二等分線__ という。

線分 AB の
垂直二等分線

A ――+―― B

中点

memo
線分 AB の垂直二等分線ℓ上の点は，2 点 A，B から
等しい距離にある。また，2 点 A，B からの距離が
等しい点は，線分 AB の垂直二等分線上にある。

ℓ
P
PA＝PB
A ―――― B
Q

線分 AB の垂直二等分線を作図してみよう！
① 点 A を中心とする適当な半径の円をかく。
② 点 B を中心として，①と同じ半径の円をかき，
　2 つの円の交点を P，Q とする。
③ 直線 PQ をひく。　――2 つの線が交わる点

作図のしかたを見て，足りない
ところをかき入れよう！

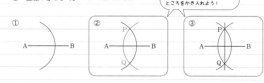

角の二等分線の作図
1 つの角を 2 等分する半直線を，
その角の __二等分線__ という。

X
∠XOY の
二等分線
O ―――― Y

memo
∠XOY の二等分線ℓ上の点は，半直線 OX，OY から
等しい距離にある。また，∠XOY の半直線 OX，OY
との距離が等しい点は，∠XOY の二等分線上にある。

PA＝PB
X
P
O A B Y

∠XOY の二等分線を作図してみよう！
① 点 O を中心とする適当な半径の円をかき，
　半直線 OX，OY との交点をそれぞれ P，Q とする。
② 2 点 P，Q をそれぞれ中心として，同じ半径の円をかき，
　2 つの円の交点の 1 つを R とする。
③ 半直線 OR をひく。

作図のしかたを見て，足りない
ところをかき入れよう！

【 確認問題 】

(1) 線分 AB の垂直二等分線を
　作図しましょう。

(2) ∠XOY の二等分線を作図
　しましょう。

5 作図② ・・ 60・61 ページの解答

垂線の作図
2 直線が垂直に交わるとき，
一方の直線を他方の直線の __垂線__ という。

垂線

直線ℓ上にない点 P を通る垂線を作図してみよう！
作図のしかた《1》
① 点 P を中心とする適当な半径の円をかき，直線ℓとの交点を A，B とする。
② 2 点 A，B をそれぞれ中心として，同じ半径の円をかき，2 つの円の交点の
　1 つを Q とする。
③ 直線 PQ をひく。

作図のしかたを見て，足りない
ところをかき入れよう！

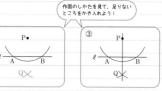

作図のしかた《2》
① 直線ℓ上に適当な点 A をとり，点 A を中心とする半径 AP の円をかく。
② 直線ℓ上に適当な点 B をとり，点 B を中心とする半径 BP の円をかく。
　2 つの円の交点のうち，P でない点を Q とする。
③ 直線 PQ をひく。

作図のしかたを見て，足りない
ところをかき入れよう！

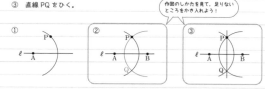

memo
直線上にある点 P を通る垂線は，180°の角の
二等分線であると考えると，右の図のように
作図できる。

180°
P

円の接線の作図
Point! 円の接線は，接点を通る半径に垂直だから，
　　　　垂線の作図を利用できる。

点 P を接点とする円 O の接線を作図してみよう！
① 半直線 OP をひく。
② 点 P を中心とする適当な半径の円をかき，
　半直線 OP との交点を A，B とする。
③ 2 点 A，B をそれぞれ中心として，同じ半径の
　円をかき，2 つの円の交点の 1 つを Q とする。
④ 直線 PQ をひく。

作図のしかたを見て，足りない
ところをかき入れよう！

【 確認問題 】

(1) 点 P を通る直線ℓの垂線を作図
　しましょう。

(2) 点 A を接点とする円 O の接線を
　作図しましょう。

立体の名前と形の特徴

いろいろな立体の特徴について整理してみよう。

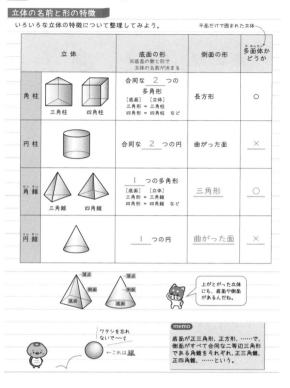

	立体	底面の形 ※底面の数と形で立体の名前が決まる	側面の形	多面体かどうか
角柱	三角柱　四角柱	合同な **2** つの多角形 〔底面〕〔立体〕 三角形 ⇒ 三角柱 四角形 ⇒ 四角柱 など	長方形	○
円柱		合同な **2** つの円	曲がった面	×
角錐	三角錐　四角錐	**1** つの多角形 〔底面〕〔立体〕 三角形 ⇒ 三角錐 四角形 ⇒ 四角錐 など	三角形	○
円錐		**1** つの円	曲がった面	×

上がとがった立体にも，底面や側面があるんだね。

ワタシを忘れないで〜♪
←これは **球**

memo
底面が正三角形，正方形，……で，側面がすべて合同な二等辺三角形である角錐をそれぞれ，正三角錐，正四角錐，……という。

正多面体

すべての面が合同な正多角形で，どの頂点にも同じ数の面が集まる，へこみのない多面体を **正多面体** という。

正多面体は，次の5種類しかないことがわかっている。

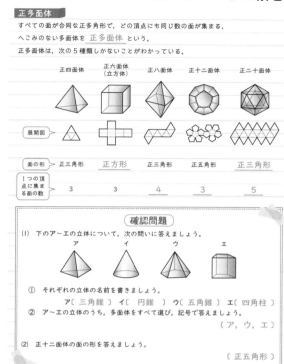

正四面体　正六面体（立方体）　正八面体　正十二面体　正二十面体

展開図

面の形	正三角形	**正方形**	正三角形	正五角形	**正三角形**
1つの頂点に集まる面の数	3	3	4	3	5

確認問題

(1) 下のア〜エの立体について，次の問いに答えましょう。

ア　イ　ウ　エ

① それぞれの立体の名前を書きましょう。
ア〔 三角錐 〕イ〔 円錐 〕ウ〔 五角錐 〕エ〔 四角柱 〕

② ア〜エの立体のうち，多面体をすべて選び，記号で答えましょう。
〔 ア，ウ，エ 〕

(2) 正十二面体の面の形を答えましょう。
〔 正五角形 〕

平面の決定

同じ直線上にない3点をふくむ平面はただ1つある。

また，次のような場合にも，平面はただ1つに決まる。

▼交わる **2** 直線をふくむ平面　　▼ **平行な** 2直線をふくむ平面

2直線の位置関係

空間にある2直線で，同じ平面上にある2直線の位置関係は，交わるか **平行** である。

同じ平面上になく，交わらない2直線の位置関係を **ねじれの位置** にあるという。

ねじれ…

Point! 空間内の2直線の位置関係は次の3つである。

同じ平面上にある　　　　　　同じ平面上にない

①交わる　②平行である　③ねじれの位置
交わらない

直線と平面の位置関係

Point! 空間内の直線と平面の位置関係は次の3つである。

①直線が平面上にある　② 1点で交わる　③平行である
$\ell \, / \! / \, P$

直線 ℓ と平面 P が平行であるとき，$\ell \, / \! / \, P$ と表す。

直線 ℓ が平面 P と交わり，その交点を通る P 上のすべての直線と垂直であるとき，ℓ と P は **垂直** であるといい，$\ell \perp P$ と表す。

$\ell \perp P$

2平面の位置関係

Point! 空間内の2平面の位置関係は次の2つである。

①交わる　交線　②平行である　$P / \! / Q$

・2平面 P，Q が平行であるとき，$P \, / \! / \, Q$ と表す。

・2平面が交わるとき，それらの交わりは直線になり，この直線を **交線** という。

・2平面 P と Q が交わっていて，平面 P と Q のなす角が90°のとき，平面 P と Q は **垂直** であるといい，$P \perp Q$ と表す。

（垂直である）

確認問題

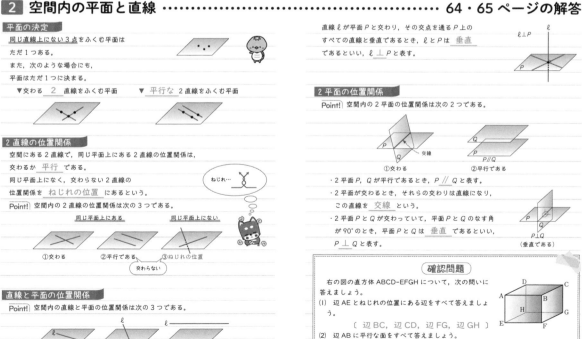

右の図の直方体 ABCD-EFGH について，次の問いに答えましょう。

(1) 辺 AE とねじれの位置にある辺をすべて答えましょう。
〔 辺 BC，辺 CD，辺 FG，辺 GH 〕

(2) 辺 AB に平行な面をすべて答えましょう。
〔 面CGHD，面EFGH 〕

(3) 面 AEFB に垂直な面をすべて答えましょう。
〔 面ABCD，面BFGC，面EFGH，面AEHD 〕

面や線が動いてできる立体

角柱や円柱は，底面がそれと
<u>垂直</u> な方向に動いてできた
立体と見ることができる。

memo
このとき底面が動いた距離が
立体の高さである。

<u>四角柱</u> になる　　<u>円柱</u> になる

●線が動いてできる立体

線が動いたあとには <u>面</u> ができる。
右の図のように，線分 AB が
円をふくむ平面に <u>垂直</u> であ
るとき，線分 AB が円周にそっ
てひとまわりしてできる図形
は円柱の <u>側面</u> である。

線分 AB は円を
ふくむ平面に垂直

四角形
の辺に
そって
動くと…

四角柱の
側面が
できるね！

●回転体

右の円柱のように，直線 ℓ を軸
として，図形を 1 回転させて
できる立体を <u>回転体</u> といい，
直線 ℓ を <u>回転の軸</u> という。
このとき，円柱の側面をえがく
線分を，円柱の <u>母線</u> という。

回転の軸

Point! 回転体を，回転の軸をふくむ平面で切るとき，切り口は，
回転の軸が対称の軸である <u>線対称</u> な図形になる。

切り口の図形を，回転の軸を折り目にして折ったとき，折り目の両側がぴったり重なる

●いろいろな回転体

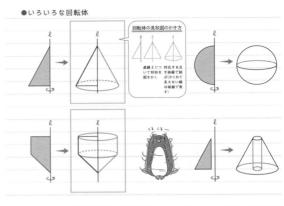

回転体の見取図のかき方
直線 ℓ に対応する点
をかいて対応する点
を曲線で結ぶ
（直線 ℓ につ
いて対応する
点をかく）
直線 ℓ について対応
図をかく（かくれて
見えない線は破線で
表す）

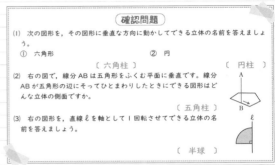

確認問題

(1) 次の図形を，その図形に垂直な方向に動かしてできる立体の名前を答えましょ
う。
① 六角形　　　　　　　　　② 円

〔 六角柱 〕　　　　　　　〔 円柱 〕

(2) 右の図で，線分 AB は五角形をふくむ平面に垂直です。線分
AB が五角形の辺にそってひとまわりしたときにできる図形はど
んな立体の側面ですか。

〔 五角柱 〕

(3) 右の図形を，直線 ℓ を軸として 1 回転させてできる立体の名
前を答えましょう。

〔 半球 〕

第6章　空間図形

④ 投影図 ・・・ 68・69 ページの解答

投影図

立体を，正面から見た図と
真上から見た図で表すこと
がある。

正面から見た図を <u>立面図</u> ，
真上から見た図を <u>平面図</u> ，
これらをあわせて <u>投影図</u>
という。

真上から見る

正面から見た図
立面図
真上から見た図
三角柱の投影図
立面図
平面図

正面から見る

Point! 投影図では，実際に見える線を実線 ──── で，
うしろにかくれて見えない線を破線 ・・・・・・・ でかく。
たとえば，上の三角柱を逆の方向から
見た場合，投影図は右のようになる。

この面を正面とする

投影図は，立面図と平面図だけでは
わからないときがあり，その場合は，
側面から見た図を加えることもある。

側面から見た図
立面図
平面図

立面図と平面図だけ
だと，こんな立体も
考えられるね！

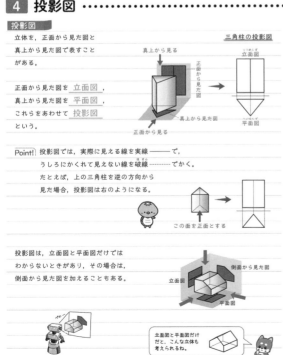

いろいろな投影図

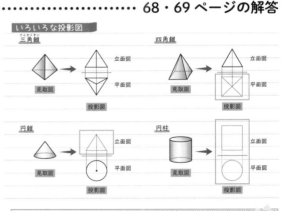

三角錐
見取図　　投影図
立面図
平面図

四角錐
見取図　　投影図
立面図
平面図

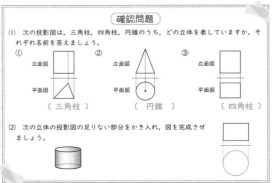

円錐
見取図　　投影図
立面図
平面図

円柱
見取図　　投影図
立面図
平面図

確認問題

(1) 次の投影図は，三角柱，四角柱，円錐のうち，どの立体を表していますか。そ
れぞれ名前を答えましょう。
①　　　　　　　　②　　　　　　　　③
立面図　　　　　　立面図　　　　　　立面図
平面図　　　　　　平面図　　　　　　平面図
〔 三角柱 〕　　　〔 円錐 〕　　　〔 四角柱 〕

(2) 次の立体の投影図の足りない部分をかき入れ，図を完成させ
ましょう。

5 立体の表面積と体積① ················· 70・71 ページの解答

立体の表面積

立体のすべての面の面積の和を 表面積 といい，
すべての側面の面積の和を 側面積 という。
1つの底面の面積を 底面積 という。

角柱・円柱の表面積

Point! （角柱・円柱の表面積）＝（底面積）×2＋（側面積）

円柱の展開図において，
側面の長方形の横の長さは，
底面の 円周 の長さに 等しい 。

memo
角柱・円柱の展開図

底面が2つあるよ。
底面積を2倍するの
を忘れないでね♪

等しい

円柱の表面積を求めてみよう！

底面の半径が3cm，高さが5cm の円柱の表面積

$(\pi \times 3^2) \times 2 + 5 \times (2\pi \times 3)$
（底面積） （側面積）

$= 9\pi \times 2 + 5 \times 6\pi$
$= 18\pi + 30\pi$
$= 48\pi$ (cm²)

角錐・円錐の表面積

Point! （角錐・円錐の表面積）＝（底面積）＋（側面積）

円錐の展開図において，
側面のおうぎ形の弧の長さは，
底面の 円周 の長さに 等しい 。

memo
角錐・円錐の展開図

角錐や円錐の
底面は1つだね。

等しい

円錐の表面積を求めてみよう！

底面の半径が2cm，母線の長さが 6cm の円錐の表面積

側面のおうぎ形の中心角を
$x°$とすると，おうぎ形の
弧の長さと底面の円周の
長さが等しいことより，

$2\pi \times 6 \times \dfrac{x}{360} = 2\pi \times 2$
（おうぎ形の弧の長さ）（底面の円周の長さ）

これを解くと，$x = 120$ だから，

円錐の側面積は， $\pi \times 6^2 \times \dfrac{120}{360} = 12\pi$ ← おうぎ形の面積は中心角
の大きさに比例する

よって，表面積は， $\underline{\pi \times 2^2} + \underline{12\pi} = 16\pi$ (cm²)
　　　　　　　　　底面積　　側面積

計算をまちがえ
ないように…

確認問題

(1) 右の円柱について，次の面積を求めましょう。
① 側面積　側面の長方形の横の長さは
$2\pi \times 5 = 10\pi$ (cm)だから，側面積は
$4 \times 10\pi = 40\pi$ (cm²)　〔40πcm²〕
② 表面積　底面積は $\pi \times 5^2 = 25\pi$ (cm²)
よって，表面積は $25\pi \times 2 + 40\pi = 90\pi$ (cm²)　〔90πcm²〕

(2) 右の円錐について，次の面積を求めましょう。
① 側面積　側面のおうぎ形の中心角を $a°$ とすると，
$2\pi \times 6 \times \dfrac{a}{360} = 2\pi \times 3$ より，$a = 180$
よって，側面積は $\pi \times 6^2 \times \dfrac{180}{360} = 18\pi$ (cm²)　〔18πcm²〕
② 表面積　底面積は $\pi \times 3^2 = 9\pi$ (cm²)
よって，表面積は $9\pi + 18\pi = 27\pi$ (cm²)　〔27πcm²〕

解説 第6章 5 立体の表面積と体積①

（確認問題）

(1) （角柱や円柱の表面積）
　＝（底面積）×2＋（側面積）

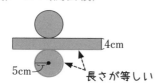

4cm
5cm
長さが等しい

② $\underbrace{(\pi \times 5^2)}_{底面積} \times 2 + \underbrace{4 \times 2\pi \times 5}_{側面積} = 90\pi$ (cm²)

(2) （角錐や円錐の表面積）
　＝（底面積）＋（側面積）

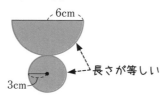

6cm
長さが等しい
3cm

① 側面のおうぎ形の中心角を a として，上
　の右の図のように，長さの等しい周に着目
　して等式をつくり，a を求める。

空間図形のまとめ①

正多角形

すべての面が合同な正多角形で，どの頂点にも
同じ数の面が集まる，へこみのない多面体を 正
多面体といい，次の5種類がある。

正四面体　正六面体　正八面体　正十二面体　正二十面体

空間内の位置関係

● 2直線の位置関係

①交わる　　②平行である　　③ねじれの位置

● 直線と平面の位置関係

①直線が平面上にある　② 1点で交わる　③平行である

● 2平面の位置関係

①交わる　　②平行である

角柱・円柱の体積

Point! 底面積が S，高さが h の
角柱や円柱の体積を V とすると，
$V=Sh$
と表すことができる。

memo
底面の半径が r，高さが h の円柱の体積を V とすると，$V=\pi r^2 h$ と表すことができる。

円柱の体積を求めてみよう！

底面の半径が 3cm，高さが 5cm の円柱の体積

$$(\underset{底面積}{\underline{\pi\times 3^2}})\times\underset{高さ}{\underline{5}}$$

$$=\underline{9\pi}\times 5$$

$$=\underline{45\pi}\ (\text{cm}^3)$$

角柱や円柱は、底面が垂直方向に平行に動いたと考えられるんだったね。

角錐・円錐の体積

Point! 底面積が S，高さが h の
角錐や円錐の体積を V とすると，
$V=\dfrac{1}{3}Sh$
と表すことができる。

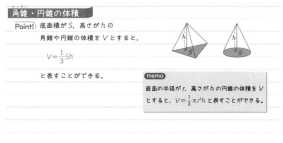

memo
底面の半径が r，高さが h の円錐の体積を V とすると，$V=\dfrac{1}{3}\pi r^2 h$ と表すことができる。

円錐の体積を求めてみよう！

底面の半径が 4cm，高さが 6cm の円錐の体積

$$\dfrac{1}{3}\times\underset{底面積}{\underline{\pi\times 4^2}}\times\underset{高さ}{\underline{6}}$$

$$=\dfrac{1}{3}\times\underline{16\pi}\times 6$$

$$=\underline{32\pi}\ (\text{cm}^3)$$

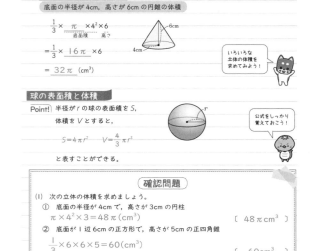

いろいろな立体の体積を求めてみよう！

球の表面積と体積

Point! 半径が r の球の表面積を S，
体積を V とすると，
$$S=4\pi r^2\qquad V=\dfrac{4}{3}\pi r^3$$
と表すことができる。

公式をしっかり覚えておこう！

確認問題

(1) 次の立体の体積を求めましょう。
① 底面の半径が 4cm で，高さが 3cm の円柱
$\pi\times 4^2\times 3=48\pi\ (\text{cm}^3)$ 〔 $48\pi\ \text{cm}^3$ 〕

② 底面が 1 辺 6cm の正方形で，高さが 5cm の正四角錐
$\dfrac{1}{3}\times 6\times 6\times 5=60\ (\text{cm}^3)$ 〔 $60\ \text{cm}^3$ 〕

③ 底面の半径が 3cm で，高さが 7cm の円錐
$\dfrac{1}{3}\times\pi\times 3^2\times 7=21\pi\ (\text{cm}^3)$ 〔 $21\pi\ \text{cm}^3$ 〕

(2) 半径が 5cm の球の表面積と体積を求めましょう。
表面積は $4\pi\times 5^2=100\pi\ (\text{cm}^2)$　表面積〔 $100\pi\ \text{cm}^2$ 〕

体積は $\dfrac{4}{3}\pi\times 5^3=\dfrac{500}{3}\pi\ (\text{cm}^3)$　体積〔 $\dfrac{500}{3}\pi\ \text{cm}^3$ 〕

解説 **第6章 6 立体の表面積と体積②**

確認問題

(1) 底面積が S，高さが h の角柱や円柱の体積
を V とすると，$V=Sh$
底面積が S，高さが h の角錐や円錐の体積を
V とすると，$V=\dfrac{1}{3}Sh$

① $\underset{底面積}{\underline{\pi\times 4^2}}\times\underset{高さ}{\underline{3}}=48\pi\ (\text{cm}^3)$

② $\dfrac{1}{3}\times\underset{底面積}{\underline{6\times 6}}\times\underset{高さ}{\underline{5}}=60\ (\text{cm}^3)$

③ $\dfrac{1}{3}\times\pi\times 3^2\times 7=21\pi\ (\text{cm}^3)$

(2) 半径が r の球の表面積を S，体積を V とす

ると，$S=4\pi r^2$，$V=\dfrac{4}{3}\pi r^3$

表面積は $4\pi\times 5^2=100\pi\ (\text{cm}^2)$

体積は $\dfrac{4}{3}\pi\times 5^3=\dfrac{500}{3}\pi\ (\text{cm}^3)$

空間図形のまとめ②

● 回転体

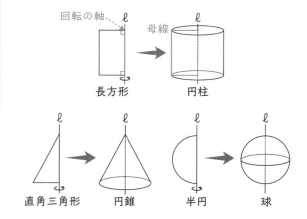

回転の軸 ℓ　母線　ℓ
長方形　円柱
ℓ　ℓ
直角三角形　円錐　半円　球

● 投影図

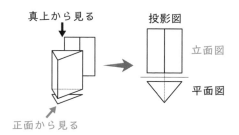

真上から見る　投影図
立面図
平面図
正面から見る

1 データの分布を表す表 ·· 74・75 ページの解答

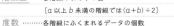

代表値

データの散らばりのようすを 分布 という。

データの分布の特徴を表す数値を、データの 代表値 といい、

- 平均値 …(データの値の合計) / (データの個数)

- 中央値 …データの値を大きさの順に並べたときの中央の値

- 最頻値 …データの値の中で、もっとも多く現れる値

がよく用いられる。

データの範囲

データの散らばりの程度は、 範囲 で表すことができる。

(範囲)＝(最大の値)－(最小の値)

📝 範囲を求めてみよう！

右のデータは、あるクラスの生徒20人の数学の
テストの得点を、値の順に並べたものである。
得点の範囲を求めましょう。

35	40	50	55	55
60	65	65	70	70
70	70	75	75	80
80	90	95	95	95

(単位は点)

データの最大の値は 95 点、最小の値は 35 点。

(範囲)＝(最大の値)－(最小の値)だから、

95－ 35 ＝ 60 (点)

度数分布表

右の表は、上の数学のテストの得点を、
20点ずつに区切り、それぞれの区間に
入るデータの個数をまとめたものである。
このようにデータの分布のようすを示し
た表を 度数分布表 という。

階級(点)	度数(人)
20以上～40未満	1
40 ～60	4
60 ～80	9
80 ～100	6
計	20

度数分布表では、次のようにいう。

- 階級 ………データを整理するための区間

- 階級の幅 …区間の幅

  [a以上b未満の階級ではb－a]

- 階級値 ………各階級のまん中の値

  [a以上b未満の階級では(a＋b)÷2]

- 度数 ………各階級にふくまれるデータの個数

覚えて
おこう！

📝 度数分布表について調べてみよう！

前ページの度数分布表では、20点ずつに区切った区間を 階級 といい、

階級の幅は、40－ 20 ＝ 20 (点)、

40点以上60点未満の階級値は、(40 ＋ 60)÷2＝ 50 (点)である。

また、20点以上40点未満の階級の度数は、 1 人である。

確認問題

右のデータは、あるクラスの生徒30人の通学
時間を、値の順に並べたものです。このデータ
を右下の度数分布表にまとめます。

5	8	9	10	10
11	12	12	14	15
15	17	18	19	20
20	21	23	25	25
30	31	31	35	38	39

(単位は分)

(1) 階級の幅を求めましょう。 〔10分〕

10－0＝10

(2) 20分のデータが入る階級の階級値を答えま
しょう。

20分以上30分未満の階級に入る。

$\dfrac{20＋30}{2}$＝25(分) 〔25分〕

(3) 右の度数分布表を完成させましょう。

階級(分)	度数(人)
0以上～10未満	4
10 ～20	13
20 ～30	7
30 ～40	6
計	30

---

2 データの分布を表すグラフ ·································· 76・77 ページの解答

ヒストグラムと度数折れ線

●ヒストグラム

度数分布表を柱状グラフで表したものを ヒストグラム という。

階級の幅を横、度数を縦とする長方形を並べたグラフ

例 左下の度数分布表は、あるクラスの生徒30人の50m走の記録をまとめたもの
で、この表をもとにヒストグラムをかくと、右下のグラフのようになる。

50m走の記録の度数分布表

階級(秒)	度数(人)
7.0以上～7.5未満	1
7.5 ～8.0	4
8.0 ～8.5	12
8.5 ～9.0	6
9.0 ～9.5	4
9.5 ～10.0	3
計	30

50m走の記録のヒストグラム

●度数折れ線

ヒストグラムの各長方形の上の辺の中点を結んでできる折れ線グラフを、
度数折れ線 という。

度数分布多角形ともいう

左のヒストグラムを見て、
度数折れ線を完成させよう！

50m走の記録のヒストグラム

50m走の記録の度数折れ線

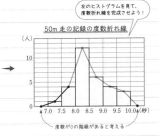

度数が0の階級があると考える

データの比較

度数の合計が異なるデータどうしを比べるときは、 相対度数 を用いるとよい。

(相対度数)＝(その階級の度数) / (度数の合計)

📝 相対度数を求めてみよう！

前ページの50m走の記録で、8.0秒以上8.5秒未満の階級の相対度数

8.0秒以上8.5秒未満の階級の度数は、 12 人

度数の合計は、 30 人だから、求める相対度数は、$\dfrac{12}{30}$ ＝ 0.4

ふつう小数を使って表す

確認問題

(1) 左下の度数分布表は、あるクラスの生徒20人が1年間で読んだ小説の冊数を
まとめたものです。この表をもとに、ヒストグラムと度数折れ線をかきましょう。

階級(冊)	度数(人)
0以上～4未満	2
4 ～8	5
8 ～12	8
12 ～16	4
16 ～20	1
計	20

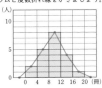

(2) 右の表は、A組とB組の
生徒の通学距離をまとめた
ものです。表のア～エにあ
てはまる数を求めましょう。

階級(km)	A組		B組	
	度数(人)	相対度数	度数(人)	相対度数
0以上～1未満	10	ア	7	エ
1 ～2	16	0.40	14	0.40
2 ～3	8	イ	14	0.40
3 ～4	6	0.15		
計	40	1.00	ウ	1.00

ア〔 0.25 〕 イ〔 0.20 〕 ウ〔 35 〕 エ〔 0.20 〕

累積度数と累積相対度数

●累積度数

度数分布表において、各階級以下または以上の度数を
たし合わせたものを 累積度数 といい、累積度数を
表にまとめたものを 累積度数分布表 という。

> 度数を順
> にたして
> いくよ！

例 左下の累積度数分布表は、あるクラスの生徒 20 人が、

先月の 1 か月間に学校の図書室を利用した回数の記録である。

この累積度数分布表をヒストグラムの形で表すと、右下の図のようになる。

累積度数を折れ線グラフで表すときは、

右下の図のように、ヒストグラムの

各長方形の右上の頂点を結ぶ。

> 左の累積度数分布表を見て、
> ヒストグラムと折れ線グラフを
> 完成させよう！

階級 (回)	度数 (人)	累積度数 (人)
0 以上～ 10 未満	5	5
10 ～ 20	12	17
20 ～ 30	3	20
計	20	

5+12

●累積相対度数

度数の合計に対する各階級の累積度数の割合を 累積相対度数 という。

上の図書室を利用した回数のデータについて、

累積相対度数を求めて下のように表にまとめる。

階級 (回)	度数 (人)	累積度数 (人)	累積相対度数
0 以上～ 10 未満	5	5	0.25
10 ～ 20	12	17	0.85
20 ～ 30	3	20	1.00
計	20		

> 累積相対度数を
> 求めてみよう。

確率

あることがらの起こりやすさの程度を表す数を、

そのことがらの起こる 確率 という。

何度も実験をくり返すなど、データの個数がとて

も多いときの相対度数を利用して、確率を考える場合がある。

> コインを投げると、
> 表と裏どっちが
> 出やすいかな？

例 下の表は、コインを投げる実験をして、表が出た回数をまとめたものである。

投げた回数	100	300	500	1000	2000
表が出た回数	57	147	254	505	1003

・300 回投げたときの表が出た割合は…

147÷ 300 ＝0.49

・このコインの表が出る割合は、ある値に近づいていく。

この値を、小数第 2 位を四捨五入して求めると…

1003÷ 2000 ＝0.5015 → 0.5

確認問題

右の表は、あるクラスの生徒 20 人の
握力を調べ、度数分布表にまとめたもの
です。

(1) 累積度数を調べ、累積度数分布表を
完成させましょう。

(2) 握力が 40kg 未満の人は何人います
か。

〔 17 人 〕

階級 (kg)	度数 (人)	累積度数 (人)
10 以上～ 20 未満	1	1
20 ～ 30	6	7
30 ～ 40	10	17
40 ～ 50	2	19
50 ～ 60	1	20
計	20	

(3) 20kg 以上 30kg 未満の階級の累積相対度数を求めましょう。

20kg 以上 30kg 未満の階級の累積度数は 7 人だから、

累積相対度数は、7÷20＝0.35   〔 0.35 〕

解説 第 7 章 3 累積度数と確率

確認問題

(1) 度数分布表で、各階級以下または以上の度
数をたし合わせたものを累積度数といい、こ
れを表にまとめたものを累積度数分布表とい
う。

階級 (kg)	度数 (人)	累積度数 (人)
10以上～20未満	1	1
20 ～30	6	1＋6＝7
30 ～40	10	7＋10＝17
40 ～50	2	17＋2＝19
50 ～60	1	19＋1＝20
計	20	

(2) (1)の累積度数分布表より、30kg 以上 40kg
未満の階級の累積度数が 17 人だから、握力
が 40kg 未満の人が 17 人いることがわかる。

(3) 20kg 以上 30kg 未満の階級の累積度数は 7
人だから、累積相対度数は、7÷20＝0.35

データの活用のまとめ

●代表値：データの散らばりのようすを表す数
値を代表値といい、平均値・中央値・
最頻値などがよく用いられる。

●データの範囲：(範囲)＝(最大の値)－(最小の値)

●度数分布表：データを整理するための区間を
階級といい、各階級にその階級
の度数を対応させ、データの分
布のようすを示した表を度数分
布表という。

●ヒストグラム：度数分布表を柱状グラフで表し
たものをヒストグラムという。

●度数折れ線：ヒストグラムの各長方形の上の
辺の中点を結んでできる折れ線
グラフを度数折れ線という。

●相対度数：$(相対度数)＝\dfrac{(その階級の度数)}{(度数の合計)}$

→ 度数の合計が異なるデータどうしを比べる
ときは相対度数を用いるとよい。